区域水土流失过程模型与应用

姚志宏 等 著

科学出版社

北 京

内 容 简 介

本书从区域水土流失过程及其影响因子出发，利用地面调查、野外试验、遥感观测和 GIS 空间分析等方法进行水土流失及其环境因子调查和分析，构建区域水土流失过程数学模型。以 ArcGIS Engine 组件为基础，在微软的 .NET Framework 4.0 下，用 C#语言设计与开发区域水土流失过程模型系统，完成大中尺度流域（区域）水土流失过程模拟与分析，并在典型流域进行应用，分析大中尺度流域水土流失过程中径流泥沙变化规律和径流泥沙对降雨、土地利用/覆被变化的响应。在此基础上，对大中尺度流域次暴雨条件下土壤侵蚀与泥沙沉积过程模型与模拟进行探索。

本书可为全国、省区和流域水土流失监测、调查制图和评价提供参考，也可供从事水土流失、土壤侵蚀和水土保持等方面的研究者和高校师生阅读参考。

审图号：GS 京（2022）0816 号

图书在版编目（CIP）数据

区域水土流失过程模型与应用／姚志宏等著. —北京：科学出版社，
2022. 8
　ISBN 978-7-03-072932-3

Ⅰ. ①区… Ⅱ. ①姚… Ⅲ. ①区域–水土流失–研究 Ⅳ. ①S157. 1

中国版本图书馆 CIP 数据核字（2022）第 155106 号

责任编辑：李晓娟 ／ 责任校对：樊雅琼
责任印制：吴兆东 ／ 封面设计：无极书装

科 学 出 版 社 出版
北京东黄城根北街 16 号
邮政编码：100717
http://www.sciencep.com

北京建宏印刷有限公司 印刷
科学出版社发行　各地新华书店经销
*
2022 年 8 月第 一 版　开本：720×1000 B5
2023 年 9 月第二次印刷　印张：11 1/2
字数：250 000
定价：**168. 00 元**
（如有印装质量问题，我社负责调换）

前　言

　　水土流失是一个与时空尺度相关的过程，土壤侵蚀发生的空间尺度主要有坡面、小流域和区域三个尺度层次。20世纪90年代中期以来，我国的水土保持工作已经由以小流域为单元的治理进入了区域化、规模化治理阶段。研究的尺度也发生了变化，从坡面小区到小流域，从小流域到中等流域，再到大区域，政府决策部门对区域水土流失定量评价和趋势预测的需求比以往任何时期都更加迫切。因此，区域水土流失的研究已经成为水土保持学的重要领域之一。

　　区域水土流失研究，通过坡面和小流域土壤侵蚀试验研究成果的总结，理解区域水土流失过程及影响因素；用地面调查和遥感观测相结合的方法进行水土流失及其环境因子调查和分析，为区域水土流失定量评价奠定数据基础；基于对水土流失过程及其与影响因子之间关系的理解，开发区域水土流失模型，实现对区域水土流失的定量评价，是区域水土流失监测与评价的重要内容，是国家水土保持普查和宏观规划决策的需要，也是全球变化背景下水土保持科学研究的需要。因此，区域水土流失模型的开发将对促进区域水土流失研究的深入开展、完善区域水土流失研究的理论和技术体系、提高区域水土流失监测和评价的科学性发挥重要作用。

　　笔者有幸参加了黄河水利委员会治黄专项"黄土高原水土保持遥感监测关键技术研究"、"十一五"国家重点基础研究发展计划"中国主要水蚀区土壤侵蚀过程与调控研究"之第2课题"多尺度土壤侵蚀预报模型"、"十三五"国家重点基础研究发展计划"黄河流域水沙变化机理与趋势预测"的项目研究。本书就是多年研究的一个初步总结，希望将我们研究的点滴成绩与读者分享，将我们的困惑与同行专家共同面对，为区域水土流失的相关研究尽一份绵薄力量。

本书是在国家重点基础研究发展计划"黄河流域水沙变化机理与趋势预测"项目资助下完成。本书以黄土高原第Ⅰ、第Ⅱ、第Ⅲ副区典型大中流域为重点，阐述区域水土流失过程模型的开发过程及应用；针对近年关注水沙变化的焦点，分析典型大中尺度流域径流泥沙变化规律及对下垫面变化的响应，以及在此基础上的大中尺度流域次暴雨条件下土壤侵蚀与泥沙沉积过程模型与模拟的探索。

本书编写计划由姚志宏拟定，各章主笔人员为：第1章杨勤科、姚志宏；第2章杨勤科、姚志宏；第3章姚志宏；第4章姚志宏；第5章姚志宏、张宏鸣、崔欣欣、黄杰；第6章姚志宏、黄杰；第7章姚志宏、张雨、黄杰；第8章姚志宏、黄杰、王勃；第9章姚志宏、王玲玲；第10章姚志宏、杨勤科、王勃、张奕雯。全书最后由姚志宏统稿。感谢中国科学院水利部水土保持研究所研究员、世界水土保持协会理事会主席（2011～2019年）李锐老师给予本书作者的指导和帮助；感谢黄河水利委员会黄河水利科学研究院教高姚文艺老师为本书的撰写与出版给予的指导与帮助；感谢作者的多位研究生围绕区域水土流失模型开发与应用所进行的研究工作。本书难免有疏漏之处，恳请读者不吝批评指正。

作　者
2022 年 7 月

目　　录

前言

第1章　绪论 ……………………………………………………………………… 1

1.1　国外研究现状 …………………………………………………………… 1

1.2　国内研究现状 …………………………………………………………… 4

1.3　存在问题 ………………………………………………………………… 5

第2章　区域水土流失过程及其影响因子 …………………………………… 7

2.1　水土流失的多尺度特征 ………………………………………………… 7

2.2　区域水土流失过程描述 ………………………………………………… 8

2.3　区域水土流失过程影响因子 …………………………………………… 10

2.4　主要因子的测试与提取 ………………………………………………… 13

2.5　水土流失因子数据库 …………………………………………………… 16

第3章　区域水土流失模型参数的获取与处理 ……………………………… 20

3.1　区域概况 ………………………………………………………………… 20

3.2　基础数据及处理方法 …………………………………………………… 25

第4章　大中尺度流域水沙过程数学模型的构建 …………………………… 38

4.1　模型的总体框架 ………………………………………………………… 38

4.2　单元模型的构建 ………………………………………………………… 39

第5章　大中尺度流域水沙过程模型系统的设计与开发 …………………… 49

5.1　系统框架设计及逻辑结构 ……………………………………………… 49

5.2　系统模型设计 …………………………………………………………… 51

5.3　关键技术开发 …………………………………………………………… 52

5.4　功能展示 ………………………………………………………………… 52

5.5　模型的测试与运行 ……………………………………………………… 59

第6章 模型在孤山川流域的验证 ······························· 62

　6.1 研究区概况 ··· 62

　6.2 孤山川流域径流泥沙模拟结果和精度分析 ················ 65

第7章 耤河示范区径流泥沙变化规律分析 ······················ 73

　7.1 降雨对径流泥沙变化的影响 ······························· 74

　7.2 相同降雨不同土地利用/覆被条件下径流泥沙的变化 ····· 77

第8章 延河流域径流泥沙变化规律及对土地利用变化的响应 ···· 88

　8.1 研究区概况 ··· 88

　8.2 延河流域土地利用变化及驱动力分析 ···················· 92

　8.3 延河流域径流泥沙时空变化分析 ························· 105

　8.4 延河流域水沙变化对土地利用变化的响应 ············· 117

第9章 "7.26"洪水大理河流域泥沙来源反演分析 ··········· 120

　9.1 流域概况 ··· 120

　9.2 "7.26"洪水大理河泥沙来源反演 ························ 122

第10章 流域次暴雨条件下土壤侵蚀与泥沙沉积过程模拟 ······· 128

　10.1 基础数据 ·· 129

　10.2 流域土壤侵蚀/沉积数学模型的构建 ···················· 134

　10.3 地形对土壤侵蚀/沉积影响的模拟 ······················ 139

　10.4 流域次暴雨土壤侵蚀/沉积模型系统的开发 ············ 142

　10.5 流域次暴雨土壤侵蚀/沉积过程模拟结果与分析 ········ 152

　10.6 结论 ··· 165

参考文献 ··· 167

| 第 1 章 | 绪 论

水土流失是世界性的环境问题,是土地退化的主要形式之一。水土流失发生在地表物质迁移转换最为强烈的土壤圈,是现代表层系统过程的主要物质运移过程。由于该过程与地表环境因子具有广泛密切的发生学和空间联系,同时也直接参与了土壤和地表松散物质、地表径流及土壤有机碳等物质的运移,水土流失过程是地表覆盖变化的原因之一,因而对区域甚至全球环境造成影响。所以关于水土流失的研究,除受到土壤学(微观侵蚀学)、地貌学(侵蚀地貌形态变化)等传统学科重视外,全球变化和地球系统科学也日益重视区域尺度的水土流失。同时,国家、流域机构和省区水土流失治理与生态环境建设的宏观决策,依法对全国和区域水土流失状况的定期普查与公告等,均需要区域水土流失信息的支持。自 20 世纪 90 年代以来,为了满足水土保持宏观决策的需求,也为了认识水土流失对环境的影响,分析评估全球变化与区域水土流失关系,国内外对区域水土流失研究均给予了高度重视[1-5]。区域水土流失模型的建立与应用,是区域水土流失监测与评价的重要内容,是国家水土保持普查和宏观规划决策的需要,也是全球变化背景下水土保持科学研究的需要[6]。

1.1 国外研究现状

水土流失已有研究可以概括为五个方面:一是实用化的水土流失调查制图;二是利用遥感和 GIS 技术方法与坡面侵蚀模型结合,实现对区域水土流失的评价;三是基于坡面侵蚀模型,利用时空尺度转换方法,完成大区域水土流失评价和预报;四是基于遥感和 GIS 数据与方法，开发区域水土流失模型；五是基于分布式模型的流域产流产沙量估算。

（1）利用调查的方法进行土壤侵蚀评价

美国农业部自然资源保护局的土壤侵蚀调查方法富有特色，它建立了一个全美土壤侵蚀监测预报网络系统，在全美布设 80 万个抽样点，定期进行一定数量的抽样调查，结合通用土壤流失方程（universal soil loss equation，USLE）进行全美的土壤侵蚀评价[7]。这种方法的基础有三个方面：一是完善的基础数据支持（用以计算 USLE 各因子值）；二是土壤侵蚀定量计算工具；三是一批训练有素的工作人员。

（2）基于 GIS 和坡面模型的流域（区域）土壤侵蚀评价

20 世纪 90 年代初有人将 USLE 和 RUSLE（revised universal soil loss equation）、WEPP（water erosion prediction project）与 GIS 结合进行区域尺度水土流失预报[8,9]。澳大利亚学者以 RUSLE 为基础，利用覆盖全澳大利亚的较粗分辨率或较小比例尺数据，完成了澳大利亚大陆片蚀、细沟侵蚀的定量评价和制图[10]。这种方法将坡面模型直接应用于区域尺度，对空间尺度问题尚未给予足够的重视。同时，模型与 GIS 是一种松散式的集成和结合，因而既不能完全发挥模型本来的优势，也不能完全发挥 GIS 的优势。例如，对径流、泥沙物质的汇集和传输计算等，基本上没有良好的方法处理。

（3）考虑尺度变换的区域侵蚀评价

在全球变化与陆地生态系统（global change and terrestrial ecosystem，GCTE）研究项目中，来自世界各地的土壤侵蚀科学家对现有的土壤侵蚀模型进行了分析比较和评价，力图理解多种空间尺度土壤侵蚀过程之间的联系，并找到一种尺度转换的方法[11-15]。有关研究对水土流失的尺度问题进行了探索[16-18]，取得了一些进展，但理论和方法均尚未成熟。

（4）区域水土流失模型的探索

土壤侵蚀危险性评价更多关注全球和区域尺度[19-21]。之后，

Kirkby 等在地中海地区荒漠化和土地利用（Mediterranean desertification and land use，MEDLUS）研究中，提出了区域水土流失模型。模型基于土壤侵蚀过程，可计算尺度达 5000km² 的流域[22, 23]。作者认为该方法可被推广应用到全球尺度（分辨率为 1000m）。同样在 MEDLUS 项目中，荷兰科学家 de Jong 等对区域尺度基于 GIS 的分布式土壤侵蚀模型进行了有益的探索[2]。该模型将整个土壤侵蚀过程概化为径流和输沙两个阶段，模拟区域尺度的土壤侵蚀过程并输出土壤侵蚀图。研究者对土壤侵蚀的多尺度特征和区域水土流失的空间变异性、区域尺度上土壤侵蚀与土地利用和气候变化的关系也进行了初步讨论[24-27]。但至今未能建立起像 USLE 那样实用的模型。

（5）基于分布式模型的流域产流产沙量估算

比较成熟的方法是利用 SWAT 模型[28]（soil and water assessment tool）模拟流域径流过程和输沙量，并在多个国家不同研究区得到应用[29-32]。但模型对降雨较少、产流产沙量小以及短期径流量的情景模拟结果较差，更不适合单一事件的洪水过程的模拟。比利时鲁汶大学在 USLE 基础上研发的分布式土壤侵蚀模型 WatEm/SEDEM 模型[33]（water and tillage erosion model and sediment delivery model）。该模型结构相对简单，但却能够分析土壤侵蚀各因素对土壤侵蚀作用的空间分布，同时考虑了土地利用格局对土壤流失的拦截作用和泥沙的运移过程，可用于模拟年均土壤侵蚀率和沉积强度。虽然该模型在许多国家得到成功应用，但其主要不足之处在于不能模拟径流。另外，英国利兹大学 Kirkby 等[34] 研制开发了 PESERA（Pan- European soil erosion risk assessment）模型，该模型是一个具有物理基础的分布式、长时段、大尺度土壤侵蚀模型，可以输出月侵蚀强度和月径流总量，已被广泛用于欧洲土壤侵蚀风险评估。但是该模型在坡面的泥沙供给总是在足量的假定条件下，不考虑河道汇流、输沙及泥沙淤积等过程，其模拟精度受到限制。

1.2 国内研究现状

与区域水土流失模型直接相关的研究可概括为国家和区域水土流失调查制图、区域水土流失因子分析、区域水土流失定量评价和区域水土流失模型探索四个方面。

（1）区域水土流失调查与制图

国内从 20 世纪 50 年代起多次组织全国和区域性的土壤侵蚀调查[35,36]。80 年代和 90 年代末期，水利部先后两次组织进行了全国土壤侵蚀的遥感调查与制图[37]，在当时的技术水平、数据积累条件下，基本查清并公告了全国土壤侵蚀基本状况，为全国水土流失治理提供了比较系统的数据支持。一是查清了全国土壤侵蚀的基本状况，为国家水土保持宏观规划和决策提供了支持；二是朱显谟院士提出土壤侵蚀分类[38]和分区系统[39]，对以后的土壤侵蚀学科发展形成了深远的影响；三是根据植被覆盖度和地面坡度两个指标，完成对土壤侵蚀强度的评价，形成了富有中国特色的水土保持遥感普查制度[40]。目前，大区域土壤侵蚀的调查制图基本上是利用这种方法完成对土壤侵蚀强度的评价。该方法简单实用、可操作性较强。但其中也存在一些问题，主要是难以直接反映气候、土壤和治理措施等要素对侵蚀的复杂影响，因而对土壤侵蚀的评价不是很全面；而且半手工操作方式受作业人员主观因素影响较大，不便进行质量检验；同时由于是一个定性的侵蚀强度等级评价，难以实现对水土流失的定量评价和预报。因此，在改进和完善已有的调查评价方法基础上探索新的方法势在必行。

（2）区域水土流失因子分析

区域水土流失因子分析，对区域水土流失因子进行了比较系统的研究，包括降雨侵蚀力的研究[41,42]，全国径流输沙时空特征分析[43-45]，土壤可蚀性 K 值的测试和全国范围内土壤可蚀性及其地理分布特征分析[46,47]，全国和黄土高原土壤抗冲性研究[48-51]，全国水土流失评价地形因子提取和分析[52]，以及植被因子研究[53]等。进一步研究的重点应该是，系统整理和集成这些研究和资料，将其应用于区域水土流失模型中，同时就其与水土流失的定量关系做出深入研究。

（3） 区域水土流失定量评价

我国区域水土流失定量评价始于 20 世纪 80 年代。国家水土保持宏观决策，需要对全国水土流失进行宏观评价，为此，卜兆宏等[54]根据 USLE 的基本形式，通过实测方法得出适合我国的有关参数，开发了水土流失遥感定量快速监测方法，并在南方的福建、江西、江苏和北方的山东等地推广应用。傅伯杰等[55]利用 USLE 完成了中等流域（延河）土壤侵蚀评价。杨艳生[56]根据 USLE 的评价思想，通过将USLE 中的坡面指标引申为区域指标，对长江三峡地区的水土流失进行宏观的研究，建立该区的水土流失预测方程，但是其中没有充分考虑到各个因子随尺度变化的响应过程。

（4） 区域水土流失模型探索

有一类方法是利用已有区域水土流失因子，建立区域水土流失模型[57-59]。此类方法是对区域尺度水土流失定量评价的有益尝试。但这类与国外有关研究相似，对空间尺度考虑不足，同时均未直接对区域水土流失过程进行描述。第二类方法是根据区域水土流失过程，在GIS 环境下开发的模型[60-66]，对区域土壤侵蚀模型开发具有重要参考价值。但由于区域尺度上问题比较复杂，也受到对尺度问题认识上的限制等，至今也没有成熟、实用的模型。第三类方法是对径流过程进行描述的分布式水文模型研究成果[67,68]，对区域水土流失模型开发具有重要参考价值。

1.3 存在问题

区域水土流失模型研究目前仍存在以下五方面问题：①目前的土壤侵蚀模型，主要集中在坡面及小流域，对大中流域的研究较少。②借鉴国外土壤侵蚀产沙模型时，有两个问题重视不够：一是地形地貌条件，国外模型基本上只适用于缓坡地的侵蚀环境，不适应于像黄河流域黄土高原类的陡坡地侵蚀环境；二是产流机制，国外不少物理成因模型是在蓄满产流条件下建立的，而在引进这些模型中，往往将其直接应用于我国以超渗产流机制为主的地区，由此也就难以保证模拟精度，难以推广应用。③对区域尺度土壤侵蚀过程缺乏清晰明了的认识和理解，限制了区域土壤侵蚀定量评价和模型开发研究的进步。④在不同区域，影响土壤侵蚀的因子不同，它们的组合以及组合力度也不同，因此，在现有情况下建立大中尺度流域的单个模型预测的准确性受到限制。⑤侵蚀模型与 GIS 结合，大多还只是一种松散式的结合，致使遥感和 GIS 的优势不能得到充分发挥。

因此，本书以土壤侵蚀学、泥沙动力学、水力学和地貌学等为理论基础，分析区域（流域）产流产沙、水沙物质传输机理，利用 RS、GIS 等技术，开发大中尺度流域（区域）水土流失过程模型，用以分析大中尺度流域径流泥沙时空分布特征，揭示多因素变化下大中尺度流域水沙变化规律，为认识大中尺度流域水沙变化提供理论支撑，也为该区域开展生态环境建设提供科学依据。其研究成果将促进土壤侵蚀学、泥沙动力学、水文学和 GIS 等交叉学科的发展。

| 第 2 章 | 区域水土流失过程及其影响因子

2.1　水土流失的多尺度特征

水土流失是一个与时空尺度相关的过程，具有多尺度特征。水土流失发生的空间尺度小到径流小区（坡面），大到一个洲[12]，不同尺度具有不同的主导与控制过程[2,12,22,23,69]。坡面尺度分析研究土壤侵蚀几乎考虑了所有与水土流失相关的过程，包括天气过程（逐日的气温、降水、太阳辐射、风速风向）、植被对降水的截留和微地形填洼、积雪和土壤冻融作用、灌溉对土壤水的影响、降水向土壤的入渗、地表径流（片流和细沟股流）、蒸散和土壤水运动、植物生长（对草地和作物而言）、残茬分解（与水土保持措施有关）、土壤及其表面性质、坡面的侵蚀和沉积[70,71]。而在小流域尺度上，需要考虑的过程相对简单，对于一些间接影响侵蚀的过程或要素，如植物生长、地表或地下有机物质的分解等，可以不再考虑，而主要考虑降水（次暴雨），植被截留、渗透、填洼、侵蚀和沉积、径流输移动和泥沙搬运、单元内部不均一性等[72-74]。在流域尺度上对水土流失过程的反映将更加综合，有必要忽略地形和土壤的一些细节，强调与岩石、气候和植被相关的宏观特征[22,23]。将水土流失过程概化为产流过程和产沙过程，对相关的降水、植被截留、入渗、土壤水分存储、地表径流、水沙物质汇集过程等进行描述[2]。多种尺度的水土流失过程之间，具有复杂的联系和相互作用。为此，在区域水土流失定量评价中，必须全面分析和理解"剥蚀—搬运—堆积"这一完整过程，其参数必须与微观尺度的同类参数建立联系或转换关系，以便能直接或间接利用微观尺度上已经形成的认识和积累的数据。还要考虑尺度问题，其实质上是指空间变异性，这时的空间变异性是指基本计算单元内的不均一性。由于区域尺度水土流失模型的计算单元比较大，致使单元的内部各种属性有较大变异，其中高程的变异导致了直接计算的坡度趋缓[75, 76]。这一问题可以借鉴全球尺度水文模型研究中对大栅格不均一性的处理方法[77, 78]解决，坡度则可以通过对坡度的变换[79]等方法来解决。

2.2　区域水土流失过程描述

这里"区域"具有统一的土壤侵蚀发生学基础，相同的土壤侵蚀类型、强度及其格局特征，相对一致的水土流失治理方向，覆盖较大空间范围，是流域单元的一种特例。我们将对区域的描述分解为对一系列内部相对均一的单元的描述。将区域划分成若干个计算单元（子流域或网格），在每一个单元上都有对其产生影响的水文和侵蚀产沙过程的土壤、植被和土地管理等方面的特性资料，通过各种因子及其土壤侵蚀中特征的变化来表现土壤侵蚀的空间变异。因此，可以分过程分别描述和模拟各种水沙过程。王光谦等[80]在黄河全流域面上首先将流域划分成许多坡面单元（即模型产流基本单元），每个坡面单元简化为一个规则的矩形斜坡，有一定的面积、特征长度和平均坡度；然后在每一个坡面单元上建立产流模型和产沙模型；每个单元产生的径流和泥沙物质，经过坡面汇集到沟道，最后汇集到流域出口，从而完成全流域降雨—径流—产沙的过程模拟。de Jong[2]的研究中，将水土流失过程概化为降雨产流过程和侵蚀产沙过程，对相关的降水、植被截留和入渗、土壤水分存储、地表径流、雨滴溅蚀和径流泥沙汇集等进行描述。但无论如何理解区域水土流失过程，其共同的问题是，区域离散的单元数量巨大，且涉及降雨产流产沙的各个环节，所以这一过程必须在 GIS 支持下，通过多个时间步长的迭代计算（图 2-1）才能完成。

根据对坡面、小流域和区域土壤侵蚀模型的分析总结[71,72, 80]，参

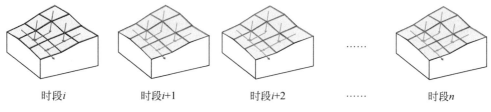

时段i 时段$i+1$ 时段$i+2$ …… 时段n

图 2-1　区域水土流失过程计算的迭代过程

考分布式水文模型对大区域水文过程的描述[67,68,81]，区域尺度的土壤侵蚀过程表现为三个方面，即降雨产流过程、侵蚀产沙过程、径流泥沙汇集和传输过程。

（1）降雨产流过程

降雨是流域内各种物质循环的动力源，因此，降雨过程是水土流失的重要过程。流域内任一点的降水量是通过分布在全流域的雨量站插值获取，可将降水总历时划分成若干时段，根据每月典型次降水过程统计得到每时段降雨强度，用以支持模型对水土流失过程的动态描述。而实际的降水总历时，统计时段降雨强度与实际降雨强度关系的计算，是降水过程的主要问题。一部分降水落在植被冠层被其截流并存储，其余部分（包括直接到达地表的降水）到达地面，然后一部分通过入渗成为土壤水，另一部分变成地表积水（净雨），并在微洼地存储，产生地表径流。这一过程受到植被、地形、土壤和降雨强度的影响。

（2）侵蚀产沙过程

对于区域水土流失模型来说，由于是将区域离散成许多规则的单元格作为基本计算单元，每个单元格相当于一个坡面，其侵蚀产沙过程主要包括雨滴和地表径流引起的土壤颗粒分散、搬运和沉积的过程，所以将此过程分雨滴溅蚀、径流剥蚀或泥沙沉积来描述。

（3）径流泥沙汇集和传输过程

由于降雨产生的径流和泥沙总是通过坡面流汇集并输送至河流，因此，坡面流的汇集及输沙过程是土壤侵蚀的一个基本动力学过程，在这一过程中，挟沙水流在流域的汇集是关键。对每个计算单元来说，每个计算时段内总是接受周围相邻单元汇入的径流、泥沙，接受时段降雨产生的径流和侵蚀泥沙，向下级相邻单元流出部分径流泥沙，还会在挟沙能力和含沙量影响下产生泥沙沉积。任意降雨时段内，单元格的径流、泥沙就是反映了这一物质平衡原理的动态过程。这一过程必须基于 GIS 空间分析功能，通过多个时间步长迭代才能完成其模拟计算。降雨结束，流域内各计算单元的径流、泥沙汇集到流域出口。实现这一过程需要计算流域水流方向、汇集到各单元格的流水线上方的单元格数目，运用 GIS 的汇流模块实现[82]。

布设于水土流失地段的各种治理措施，通过影响上述 3 个过程的发生，或直接影响"剥蚀、搬运和沉积"的一个或者基础环节，减少水土流失强度。用遥感图像进行分析（植被、土地利用、措施数量）和统计（措施数量），提取水土保持措施信息，定量分析其对上述 3 个过程的影响，或者制订拦蓄径流和减少侵蚀的指标，是区域尺度水土保持过程分析的主要方法。

2.3　区域水土流失过程影响因子

2.3.1　气候因子

气候因子中主要包括降雨、蒸发和气温。降雨是产生土壤侵蚀、引起水土流失的动力因子，在影响水土流失的诸因素中，降雨对水土流失的影响起着决定性的作用。降雨对水土流失的影响决定于雨量、降雨强度和雨滴动能等。降雨一方面通过雨滴的击溅作用使地表产生剥蚀现象，另一方面又通过汇集形成地表径流，对地表产生冲刷作用。水土流失主要与汛期雨量、降雨强度关系密切，均成正相关关系[83]。而蒸发是降雨损失的主要途径，它主要与气温、土壤含水量、植被等相关。

2.3.2　土壤因子

土壤作为被侵蚀的对象,自身的可侵蚀性是水土流失发生的内在因素。在实际的土壤侵蚀过程中,土壤因子与其他因子共同作用,影响土壤侵蚀的全过程。朱显谟等[84]将土壤影响作用分为抗冲性和抗蚀性,并测定了土壤的膨胀系数和分散速度等性质与侵蚀的关系。其后的国内学者们从两个方面研究了影响区域土壤侵蚀的土壤因子:一是 USLE 的可蚀性 K 因子值计算[85, 86];二是对土壤抗冲性的研究,包括对黄土高原[87, 88]和对全国主要土壤类型抗冲性指标的测试分析[89]。土壤因子中如土壤稳渗速率、抗冲系数、土壤黏结力和土壤前期含水量等是从各自的侧面反映土壤抗冲性和抗蚀性对水土流失的影响。

2.3.3　地形因子

地形对水土流失的影响,包括对径流发生、径流流速、泥沙物质搬运(沉积)等影响,主要通过坡度、坡长和沟壑密度等产生,以往这方面的研究较多地集中于对坡面因子 LS(坡度和坡长)的修正[90,91]。随着 GIS 的应用,研究者探索适用于区域尺度水土流失定量评价的地形指标。一是根据地貌学理论拟订替代指标,间接表示坡度的陡缓,如地形起伏度、河网密度、粗糙度、高程变异系数与多年平均侵蚀模数的关系[92],用沟壑密度、地形湿度指数、输沙能力指数、水流强度指数、侵蚀势能等[93]指标来反映对区域水土流失的影响。二是利用中低分辨率提取的坡度进行坡度变换[94, 95]、坡度图谱的变换[96]和 DEM 制图综合[97],以使其能更好地反映地形的起伏。但无论选取何种指标,都是为了更好地反映地形因子对水土流失的影响,包括对径流发生、径流流速、泥沙物质搬运(沉积)等影响,在侵蚀模型中通过坡度、坡长(坡位)、坡形和沟道特征等地形要素来表示地形的影响。在本书的区域水土流失模型中，通过坡度、地表随机糙率、地形湿度指数、坡向和坡位来反映地形对水土流失的影响。

2.3.4　植被因子

植被是陆地生态的主体，是抑制或加速水土流失最敏感的因素。研究者关于植被对水土流失的作用做了大量的研究[98-102]，包括植被通过冠层对降雨的截留作用，地被物层对降低径流流速、增强土壤入渗和减少径流的作用，以及根系固结土壤、增强土壤稳定性和提高土壤的抗冲、抗蚀性，同时植被在调节径流、保持水土、削减洪峰和侵蚀产沙的作用。在区域尺度上，研究者利用粗空间分辨率的遥感图像（NOVA AVHRR，1000m 分辨率），结合全国土地利用图等数据，提取植被指数，用以进行区域土壤侵蚀评价[103-109]。

2.3.5　人类活动

人类活动对水土流失的发生具有正反两方面的作用。一方面是通过各种水土保持措施来抑制自然侵蚀的进程，防止水土流失。水土保持措施通常包括生物措施（植树造林和植被自然恢复）、工程措施（梯田、坝地和坡面工程）和耕作措施，也包括对土地利用结构的调整，如果园和高产农田的建设。另一方面又可以通过毁林开荒、开矿修路等破坏性活动加剧水土流失。目前，土地的不合理利用是水土流失最重要的人为因素[106]。人类活动影响水土流失的实质是通过积极或消极地改变植被覆盖、土地利用等下垫面条件，有时甚至改变了气候，从而引起水土流失的加剧或减弱。

2.4 主要因子的测试与提取

2.4.1 土壤植被和地形参数野外测试

土壤指标、植被和地表随机糙率等因子采用实地测试的方法来获取。

（1）土壤指标

土壤指标（土壤抗冲系数、稳渗速率、饱和黏结力等）是根据土壤类型、地貌类型等在黄土高原选择一些有代表性的点，通过 GPS 定位，用统一仪器设备测定得出的。同时，还需记录测点附近的地貌、土壤侵蚀状况和土地利用类型，采集土样分析化验土壤理化性状（土壤有机质、土壤机械组成、含水量、容重等）。

（2）植被

主要是植被盖度的获取。在野外，植被盖度测量可有多种方法，包括直接目估法、相片目估法、网格目估法、椭圆目估法、对角线测量法等目估方法及点测法、样带长度测算法、正方形视点框架法等概率统计方法，还有一些仪器（如数码相机等）测量法。采用样方调查与数字摄影相结合的方法，对不同植被层次的盖度进行取样是目前比较实用的方法。

（3）地表随机糙率

地表随机糙率用针式糙率仪在田间用 $1m^2$ 范围、沿各个方向测定。

2.4.2 遥感影像信息的提取

遥感影像是唯一能无缝覆盖区域的数据，区域水土流失模型的有关参数必须借助遥感方法提取。主要包括土地利用、植被盖度和叶面积指数的提取。

2.4.2.1 土地利用

土地利用专题图是进行区域土壤侵蚀评价的基本数据，对于中等流域及其更大范围的土地利用信息，一般通过遥感判读方式获取。正确的解译结果是后期准确评价土壤侵蚀的前提。土地利用信息提取的主要原则与步骤如下。

1）分类原则与依据。建立科学的土地分类系统，遵守以下原则：确定的土地利用分析系统不仅能够反映土地利用现状、区域分布规律，同时解译成果能够为多部门生产服务；在原始数据的基础上，确定的分析系统能够考虑到地类的可解译原则；在分类时，要做到从上到下、由高级到低级、逐层逐级、标准统一的科学性原则。

2）分类系统的建立。在参考各类土地利用系统的遥感分类体系的基础上，根据土壤侵蚀评价的需要，在充分掌握各类土地利用的遥感信息特征及判读标志的基础上，建立科学的分类系统。

3）解译标志。根据实地考察，以及参考基础数据，例如以前的土地利用图、河流图、DEM、Google Earth 等数据，建立正确的解译标志。

4）土地利用信息的提取。将原始数据进行几何精度校正，选择合适的解译方法。目前我们所用的解译方法有目视解译、计算机屏幕解译和计算机辅助自动分类。按照分类基础数据本身的特点，根据解译精度，选择合适的解疑方法，进行解译。最后将解译的结果进行野外验证。

2.4.2.2 植被盖度

植被盖度是影响土壤侵蚀的最主要环境因素之一。但是对于区域尺度土壤侵蚀评价而言，遥感技术方法是植被盖度提取的最便捷途径。

利用遥感方法推算植被盖度，一般都是通过计算归一化植被指数（normal difference vegetation index，NDVI），再换算成植被盖度。NDVI是指植被指数，定义为近红外与可见光波段的数值之差与这两个波段数值之和的比值，计算公式如下。

$$NDVI = (NIR-R)/(NIR+R) \qquad (2-1)$$

式中，NIR 为近红外波段；R 为红外波段。

研究表明，在一定的阈值范围内，NDVI 与盖度存在线性相关关系[107]。实际应用中，可利用 TM 提取 NDVI 并换算成植被盖度[108]。

2.4.2.3 叶面积指数

叶面积指数是常用于描述植被覆盖情况的指标，也与 NDVI 有关，由 NDVI 反演得到[108]。

$$灌丛: LAI = 0.1642e^{3.854NDVI} \qquad (2-2)$$

$$草地、谷类作物: LAI = 0.2172e^{3.9254NDVI} \qquad (2-3)$$

$$阔叶作物: LAI = 0.1678e^{4.107NDVI} \qquad (2-4)$$

$$林地: LAI = 0.10386e^{4.6263NDVI} \qquad (2-5)$$

2.4.3 水土流失因子的 GIS 分析

2.4.3.1 点数据的插值与制图处理

对于区域土壤侵蚀评价来说，会对一些点数据进行插值处理或制图，以便提供覆盖工作区的面数据。常见的需要处理的数据包括气候数据（降水量、气温）、土壤数据和水文数据等。

进行空间数据内插的方法有很多种，常用方法有反距离权重法（inverse distance weighted）、Kriging 法、样条函数法（spline）等。

(1) 降水数据的插值

空间数据内插就是根据一组已知的离散观测点数据，按照某种数学关系或统计规律推求出其他未知点或未知区域数据的数据处理过程。

气候数据是多种地学模型和气候学模型的基础，其中降雨因子更是区域水土流失评价的基础之一。准确的气候信息空间分布数据理论上可由高密度站网采集，但气象数据的观测主要依赖于气象台站，而气象台站空间分布不均，密度不足，因此，站点外区域气象数据通常由邻近站点的观测值估算，即进行气象信息空间插值。

（2）土壤指标的插值

野外实测的稳渗速率、土壤容重、含水量、土壤黏结力等，在 GIS 支持下内插得到区域土壤因子表面[109]。

2.4.3.2　基于 GIS 的空间分析和水文地貌分析

由于土壤侵蚀具有十分明显的空间变异特征，所以在单元模型算法基础上，只有充分利用 GIS 空间分析功能（包括邻域分析、坡度分析和地图代数运算等）和水文地貌分析功能（包括微地形填注、沟道网络拓扑分析、径流汇集分析等），才能完成由单元模型（相当于坡面模型）到区域模型的转变，利用计算机程序完成区域土壤侵蚀过程的估算，而且能够反映区域尺度径流泥沙的动态过程。同时，模型与 GIS 完全集成，有利于对区域土壤侵蚀模型进行检验。

2.5　水土流失因子数据库

数据库设计的目的是高效管理水土保持监测数据，使数据实现资源化并尽可能得到共享；同时更加重要的是，为模型运行时调用数据提供支持。

2.5.1　专题数据类型

按照区域土壤侵蚀模型设计特征，可将本应用系统中的数据分为基础地理数据、专题表格数据、专题图形数据、专题影像数据和其他数据等 5 种。

（1）基础地理数据

包括地形、河流、境界等基础地理要素。

（2）专题表格数据

专题表格数据又分为原始记录表格、中间整理表格、统计结果表格等三种类型。① 原始表格数据：指试验、观测的原始记录表。这类数据有可能本身就是监测指标值，也可能是计算某监测指标值的最基本数据。② 整理表格数据：在原始表格基础上，按照一定的整理方法，通过计算获得的试验结果表格数据。这类数据是进行土壤侵蚀过程、机理分析的基础数据，用于土壤侵蚀过程分析计算。③ 统计结果表格数据：是指根据决策的需要，对一组试验、观测的整理表格数据经过必要的统计、汇总形成的表格数据。这类数据对于决策更有直接的参考意义。对于本系统来说，对原始表格数据的管理、表格对应的空间信息的管理及表格整理方法与规则的管理是重点。

（3）专题图形数据

主要指各类型反映土壤侵蚀环境条件、类型和强度、水土保持措施及其分布的现状、规划和分析预测的专题地图，如数字化水土流失因子专题图、水土流失类型与强度图等；也包括提供地面基础地理数据的普通地图（如地形、水系、道路、境界等）。地图数据一般利用矢量格式存储和应用。

（4）专题影像数据

即数字遥感影像，是指地面站接收的对地遥感观测数据，及其基于这些数据的分析结果影像数据。遥感影像数据（包括 DEM）一般以栅格形式存储和应用。

（5）其他数据

主要包括文本和多媒体两种。文本信息是指以文字形式表达的文件，也包括利用文本格式存储的试验、观测或测量成果数据。前者一般不能进行计算，后者可转换成关系数据库等可以用于计算分析的数据格式，但是否进行格式转换，与应用系统相关。多媒体数据以声音、图像、动画等形式表达信息。

2.5.2 数据文件组织

考虑到区域土壤侵蚀模型中涉及的上述数据类型具有多层次、多尺度和多时相等特点,本系统中的数据组织强调了以下方面。

(1) 图幅的组织

本系统所用数据涉及范围较大,因而数据量也比较大,所以空间数据可以进行分幅管理。常见的分幅方式有标准分幅和自由分幅。可以按照标准图幅进行分幅,也可以一个或者几个流域为一个管理单元。

(2) 专题的组织

区域水土流失模型涉及多种侵蚀因子、侵蚀类型和强度等信息,因而必须将同一地区、各种专题的数据按照专业或者应用组织为一组。在 ArcGIS 中,每个组可能包含一个或多个 Coverage (有拓扑结构的矢量数据结构)、grid (栅格数据结构)、DEM (数字高程模型) 和图像,也可能包含与之对应的表格数据。

(3) 数据组织中的尺度问题

多种尺度数据按照行政单元 (省、地、县) 或流域单元的嵌套,是区域的特殊现象。在数据组织中,需要处理好多种尺度的嵌套关系。

(4) 表格数据组织

如果表格数据是空间数据的属性表,则必须与空间数据进行统一管理。如果相对独立于空间数据,则最主要的是要与空间数据结合,也就是管理好其定位信息。

2.5.3 数据模型与数据集成

考虑到本系统的基本功能要求,本系统数据模型选择了与 ArcGIS 和 ERDAS 相兼容的数据模型,包括 GIS 的 Coverage、grid 和 ERDAS 的 img (图像数据格式) 文件,属性数据管理利用了关系数据库管理系统,同时利用 Excel 软件进行表格数据的录入和分析。

目前空间数据的集成与管理方案有 4 种，包括文件方式管理、文件与关系数据库管理、关系数据库管理和面向对象数据库管理。本系统采用了以下三种方式。

（1）基于文件的集成与管理

对于遥感图像数据、图形数据和表格数据的中间结果，基本利用文件方式进行管理，用一个文件夹和文件列表进行数据管理。

（2）文件与关系数据库混合管理

对于专题级别，特别是针对各种专题的矢量和栅格图形数据，利用地理关系数据模型，用文件与关系数据库相结合的方法管理。具体操作过程中，直接应用 coverage 和 grid 两种 ESRI 数据模型。

（3）基于 Geodatabase 的数据集成与管理

Geodatabase 是 ArcGIS 一个的空间数据模型，是建立在 DBMS 之上的统一、智能化的空间数据库。在 Geodatabase 模型中，地理空间要素的表达较之以往的模型更加接近于我们对现实事物对象的认识和表达方式。目前，有两种 Geodatabase 结构：个人 Geodatabase（Personal Geodatabase）和多用户 Geodatabase（Multiuser Geodatabase）。个人 Geodatabase 采用 Microsoft Jet Engine 数据文件结构，将 GIS 数据存储到小型数据库中。个人 Geodatabase 使用微软的 Access 数据库来存储属性表。考虑到本系统是一个正在开发中的应用系统，因而使用了 Personal Geodatabase 方式进行管理，这样既保证了数据的安全，又可直接支持简单编程（AML）的应用。

第3章 区域水土流失模型参数的获取与处理

3.1 区域概况

模型的开发以甘肃省天水市黄河水土保持生态工程耤河示范区为研究区。该示范区是黄河水利委员会在"十五"期间立项实施的第一个大型水土保持生态建设示范工程,包括整个耤河流域和渭河流域的一部分。该项目始于1998年,并于2007年开始"天水耤河重点支流治理项目(二期)水土保持监测体系建设"项目。研究区地处秦岭山地北麓、陇西黄土高原南缘地带,属于黄土丘陵沟壑第三副区(图3-1)。地处暖温带半湿润半干旱的过渡地带,南依秦岭,北以耤河分水岭为界,东至麦积区马跑泉,西与陇南礼县毗邻,总面积1800.46km²。

3.1.1 气象水文

耤河发源于甘谷县龙台山,由西向东流经天水市区,至麦积区二十里铺汇入渭河,干流全长78km。南岸主要支流自西向东有金家河、普岔沟、平峪沟、南河沟、吕二沟、罗家沟。北岸主要支流有艾家川、罗玉沟等。1~5级支沟计14 000余条,大于5km²的一级支沟55条,二级支沟31条,沟壑密度达4.13km/km²。项目区涉及渭河南岸支流颖川河经甘泉至马跑泉镇北注入渭河(图3-2)。项目区地处暖温带半湿润半干旱的过渡地带,区域内年均气温8.5℃,极端最高气温38.3℃,极

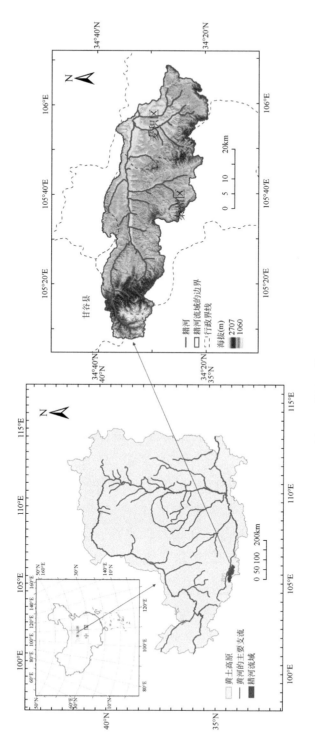

图3-1 精河示范区位置图

端最低气温−23.2℃，无霜期158d左右，日照时数为2030h，太阳总辐射量121.2kcal/cm²，大于等于10℃活动积温为2450℃。多年平均大风日数16d，干旱是示范区的主要自然灾害，其次为冰雹、连阴雨和霜冻。

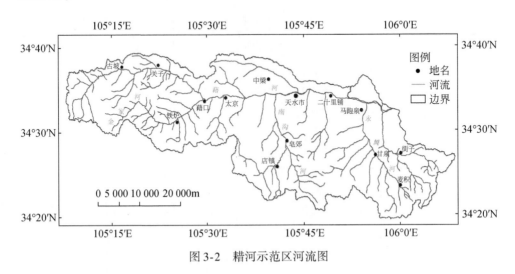

图 3-2　耤河示范区河流图

（1）降水量

项目区多年平均年降水量558.9mm，降水量年际变化大，最大年降水量809mm（2003年），最小年降水量321.8mm（1996年）。降水量在年内分布不均，主要集中在7~9月，占年降水量的75%以上，多年平均汛期（5~10月）降水量500mm，占年降水量的89.5%。降水量在空间分布上总的趋势是：南部大于北部，差异较显著，东、西部无明显差异。本区属高强度暴雨多发地区之一，区域性暴雨频繁，其特点是雨量大、强度高、笼罩面积小，一般发生在7、8两个月。

（2）径流

项目区多年平均（天水站1956~2000年）径流量为8290万m³，径流模数为8.13万m³/km²。本区河川径流主要由降水形成，多年平均径流深81.3mm，其地区分布与降水相似，由东南向西北递减。径流主要来自于西南至东南部诸支流。径流的年内分配很不均匀，全年径流量集中在汛期，而且在汛期会形成几次大洪水。流域多年平均汛期径流量占年径流量的 75.3%，季节性变化明显，枯水期径流量仅占年径流量的 2% 左右。流域径流量在年际间变化也很大，最大径流量为 22 530 万 m³（1967 年），最小为 170 万 m³（1996 年）。最大洪峰流量为 3690m³/s，流域以超渗产流为主，由于暴雨量大、雨量集中、强度大，超渗产流的洪量也大，所形成的洪水一般为尖瘦型，即峰高，历时短，洪峰流量大，含沙量高。

（3）泥沙

流域泥沙来源于流域地表土壤侵蚀，其多年平均输沙量为 408 万 t（天水站 1956～2000 年），侵蚀模数为 6437t/km²。本区自然地理环境复杂，水沙异源和水沙同源现象共存，这是本区侵蚀产沙的显著特点。流域中下游是主要泥沙来源区，而中下游南部又是主要径流来源区，中下游北部则是典型的少水多沙区。干流天水站多年平均含沙量 49.22kg/m³，北岸支流罗玉沟次洪水平均含沙量 347kg/m³，最高达 883kg/m³（桥子西沟 1988 年），南岸支流吕二沟次洪水平均含沙量 273kg/m³，最高达 1275kg/m³（1959 年），洪水属高含沙水流，说明泥沙的高度集中性。

流域泥沙在年内集中：流域侵蚀产沙过程主要是在汛期 6 个月内完成，而汛期的输沙，又往往集中于几场大暴雨。据天水站 1959～2000 年资料统计，汛期输沙量占年输沙量的 98.2%，7～9 月输沙量占年输沙量的 82.0%，洪水输沙量占年输沙量的 89.9%。泥沙年际间变化也很大：耤河天水站实测最大年输沙量为 1061 万 t（1968 年），最小年输沙量 27.5 万 t（1996 年），最大年是最小年的 38.6 倍，相差悬殊。

3.1.2 地形地貌

耤河示范区处于秦岭山脉向陇西黄土高原的过渡地带，地形支离破碎，沟壑纵横，地势西北高、东南低，海拔在 1060～2707m，相对高差为 1647m。地貌类型按自然地理特征大致可分为黄土丘陵沟壑区、土石山区两个类型。黄土丘陵沟壑区主要分布在耤河中游南北两山，相对高差200～400m，地面物质以黄土及第三系黏土为主，第三系构成丘陵骨架，黄土覆盖面在70%以上；土石山区主要分布在项目区西部及西南部、东南部，呈带状分布，占总面积的40%，区域内河谷下切严重，多呈峡谷，相对高差300～500m，是中等高山侵蚀地形，地表多覆盖碎土石。

3.1.3　土壤植被

项目区地处秦岭山地向陇中黄土高原过渡地带，土壤类型较复杂，海拔由高到低依次分布山地草甸草原土—褐色土—黑垆土—黄绵土—红土—淤淀土，山地草甸草原土主要分布于景墩梁海拔2500m以上区域，褐色土主要分布于秦岭山地海拔1500～2100m区域内，该土质地黏重，土性紧实，结构好，抗旱能力强，自然肥力较高，是适宜农、林、牧业发展的土壤，占项目区总面积的39%左右。黑垆土主要分布在西南部海拔1500～2500m的区域内，是森林褐色土带的主要古老耕种土壤，占项目区面积的20%左右。黄绵土主要分布于海拔1100～1500m的梁峁沟壑，土层深厚，耕性良好，土性绵酥，遇暴雨易遭水蚀，适宜各类农作物生长，占项目区总面积的20%左右。红土主要分布在项目区中西部，系岩性土壤，是在第三系黏土、青黏土、红黄土、红砂岩或第四系早期母质上发育的侵蚀性幼年耕种土，占总面积的20%左右。红土持水量小，遇水易饱和，极易遭水力侵蚀。淤淀土是经冲积洪积之后，人为耕作、灌淤、施肥而成的项目区最肥沃的土壤，占总面积的1%左右。

项目区植被以暖温带落叶阔叶林为主，有少量的常绿针叶林。林草覆盖率33.05%。天然林主要分布在耤源林场、店子林场，总面积416.67hm²。天然灌丛草原主要分布于黄土梁峁及低山丘陵的下部，以本氏茅、胡枝子、狼牙刺为建群种；山地草甸主要分布于景墩梁及九墩牧场一带，以毕氏蒿草、密生苔草、羊茅、短柄草为优势种。项目区人工林总面积为 13 551.29hm^2，乔木树种主要有刺槐、油松、侧柏、泡桐、杨、柳等，灌木以沙棘、柠条为主。经果林总面积为 11 565.5hm^2，主要有苹果、杏、李、柿、花椒等。人工草总面积为 1186.19hm^2，主要有紫花苜蓿、小冠花、草木樨。

3.1.4 水土流失状况

本区水土流失具有范围广、面积大、侵蚀类型较复杂、方式多样、过程集中、强度较大等特点。

1）水土流失涉及范围广，面积大。

2）土壤侵蚀类型复杂，方式多样。从宏观上看，水力侵蚀和重力侵蚀是本区主要的水土流失类型，两种侵蚀类型在区域内交互作用，广泛发生。

3）总体侵蚀强度较大，区域侵蚀差异显著，发生时间集中。流域的土壤侵蚀强度较大，中下游的侵蚀尤其强烈。除河沟阶地区、西部土石山区为轻度侵蚀区外，其他区域均为中度以上侵蚀区。一期项目治理前中部黄土丘陵沟壑区侵蚀模数一般为 5000t/km^2 以上，西南部土石山区侵蚀模数一般在 7000 ~ 9000t/km^2，个别区域可达 10 000t/km^2 以上。流域的土壤侵蚀过程从时间上来看比较集中。水力侵蚀主要发生在6~9月，尤以7、8月为最。这不仅是因为年降水量60%以上集中在这一时期，而且是因为几乎所有暴雨都发生在这一时期。

4）小流域是土壤侵蚀的基本地貌单元，土壤侵蚀具有三个主要特征：具有明显的垂直分带性规律；坡面侵蚀量略大于沟道侵蚀量；产沙量和输沙量基本接近，输移比接近 1。

3.2 基础数据及处理方法

本书所使用的数据如表 3-1 所示，数据类型有表格数据，矢量数据和栅格数据。表格数据主要是降雨数据、土壤稳渗速率、土壤容重、土壤饱和黏结力，由野外实测获得；矢量数据主要是数字化地形图及土壤类型图；栅格数据主要是降雨、气温插值表面，土壤稳渗插值表面，DEM，以及土地利用图等。空间插值以 ArcGIS 和 ANUDEM 软件为主，图像处理主要通过 ERDAS，数据运算主要是通过 ArcGIS 或者是 ArcView 的地图运算功能，以及 AML 代码完成。

表 3-1　研究区基础数据及处理方法

数据类型	比例尺/分辨率	数据格式	制作方法	用途
纸质地形图	1∶5 万	栅格	扫描	Geoway 数字化生成矢量地形图
数字化地形图	1∶5 万	矢量	Geoway 数字化	生成 DEM
DEM	1∶5 万	栅格	用 ANUDEM 插值生成的 Hc-DEM	计算地形因子，如坡度、坡向、地形湿度指数等
土地利用	30m	栅格	TM 遥感影像解译	分析不同土地利用对水土流失过程各环节的影响
NDVI	30m	栅格	由 TM 遥感影像获得	计算植被盖度和叶面积指数
土壤稳渗速率图	75m	栅格	野外试验获得由 ArcGIS 插值	径流过程中计算入渗量
土壤饱和黏结力	75m	栅格	野外试验获得由 ArcGIS 插值	用于剥蚀计算
月平均气温	10m	栅格	由气象站获得由 ArcGIS 插值	计算土壤含水量、月蒸发能力
降雨	10m	栅格	日降雨数据由 ArcGIS 插值	计算月雨量、降雨时间

3.2.1　野外实测

由于土壤的抗侵蚀性是由土壤本身的性质，如质地、结构、颗粒组成、容重、土壤饱和黏结力等因素决定，短时间内不会发生改变，所以我们采用实地测试的方法来获取区域土壤因子数据。具体方法是根据土壤类型、地貌类型等在精河示范区选择一些有代表性的点，在各点测定上述土壤抗侵蚀性系列参数。同时，基于数据分析及处理的需要，测定当时被测土壤的容重、含水量，记录测点附近的地貌、土壤侵蚀状况和土地利用类型，并用 GPS 测出测点的经纬度，借助 GIS 生成点图层和栅格表面，建立区域水土流失模型参数数据库。

3.2.1.1 土壤入渗试验

利用双环法进行入渗试验，仪器结构与试验布设如图 3-3 所示[110]。

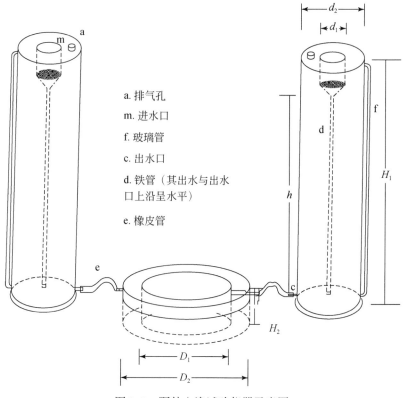

a. 排气孔

m. 进水口

f. 玻璃管

c. 出水口

d. 铁管（其出水与出水口上沿呈水平）

e. 橡皮管

图 3-3　野外入渗试验仪器示意图

图 3-3 中自动给水桶尺寸：$d_2 = 25\text{cm}$，$H_1 = 100\text{cm}$，$D_1 = 35.5\text{cm}$，$H_2 = 15\text{cm}$，$D_2 = 50.5\text{cm}$。

从实验开始的瞬时起，分别在 0min、0.5min、1min、2min、3min、

5min、7min、10min、15min、20min、30min、40min、50min、60min、70min、80min……时读出水分入渗量（用供水桶上的刻度值表示，cm），直到稳定入渗为止。根据渗透量计算出每一时段的平均入渗速率，并做好记录。

3.2.1.2 土壤黏结力

土壤黏结力是指土壤在充分湿润情况下单位体积土壤抵抗外力扭剪的能力，它不仅是土壤物理特征的重要指标之一，也是表征土壤抗蚀能力的重要参数（kg/cm² 或 kPa）。测定过程中采用了由荷兰引进的微型黏结力仪（14.10 Pocket Vane Tester）（图3-4），该仪器具有体积小、结构简单、易于操作等优点，适合野外测定。测定时先将土壤表层充分湿润，将黏结力仪的叶轮垂直插入土壤，然后向右扭动，当扭矩足够大、达到土壤最大抗剪强度时，土壤开始转动，而这时的扭力被自动记录于扭柄上的刻度盘上，即为土壤黏结力。测定时可根据土壤紧实程度选择适当型号的叶轮，黏质土类用 CL102 型（小号）旋头测定，壤质土类用 CL100 型（中号）旋头测定，砂质土类用 CL101 型（大号）旋头测定。重复 20 次，取平均值。

3.2.1.3 容重和含水量

分三层（0~10cm、20~30cm、40~50cm）用环刀取样，然后用天平称出湿土量并作记录，用烘箱烘干（105℃，10h），称出干土量并记录数据，进行计算。土壤容重是指原状土单位体积中的干土量（g/cm³）；土壤含水量转换成土壤水厚度（mm）。

3.2.1.4 随机糙率

随机糙率用特制的点侧式糙率仪（图3-5）测定，它由 60 根 70cm 长、间距为 1.25cm 可上下自由活动的辐条针组成，测定时将随机糙率仪放在测定点，用数码照相机记录 60 个针的相对高度，利用 ArcGIS 经图像纠正即可获得每根针相对参考基准面的高度，计算出各测点高

图 3-4　14.10 Pocket Vane Tester 抗剪仪

度的标准差，即为随机糙率。每个测点测定 6 次，取其平均值。

3.2.1.5　测点定位

测点位置是指测点的经纬度以及高程（m），用 GPS 进行定位。测时注意测点 10m 半径范围内开阔，无水源、高大建筑物、高压线、通信基站等干扰源；打开电源开关 4～5min 后再保存测点数据。在实验完成后，在计算机上导入所测数据，在 Mapsource 软件中进一步管理数据。

3.2.1.6　实测数据的处理

（1）测点空间定位点图的生成

先在 Excel 下把各实测点的测点名称、经纬度、所测的土壤稳渗速率、抗冲系数、土壤容重、含水量、土壤饱和黏结力等字段整理成 Excel 表，然后转为 ∗.dbf 格式。再在 ArcMap 中加载该 ∗.dbf 格式文件，通过 "Add XY data" 向导工具指定 X、Y 坐标所对应的字段，再导出为 ∗.shp 格式文件。这样，各测点的数据就实现了空间定位且属

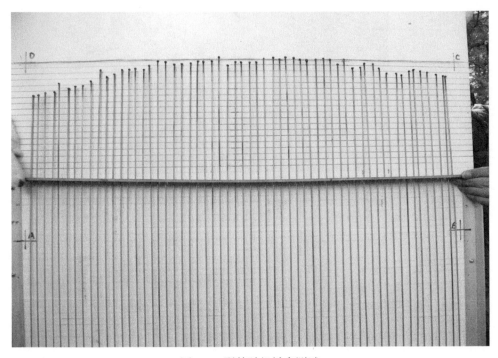

图 3-5　野外随机糙率测试

性数据都保存到属性数据库中。

（2）将离散点的测量数据转换成为连续的数据表面

采集到的数据转换成点图层后是以离散点的形式存在的，只有在这些采样点上才有较为准确的数值，而其他未采样点上都没有数值。然而，在实际应用中需要用到区域某些未采样点的值，这个时候就需要通过已采样点的数值来推算未采样点值。这样的一个过程也就是栅格插值过程，借助 GIS 来完成。空间插值是基于"地理学第一定律"的基本假设：空间位置上越靠近的点，具有相似特征值的可能性越大，而距离越远的点，其具有相似特征值的可能性越小。插值结果将生成一个连续的表面，在这个连续表面上可以得到每一点的值。图 3-6 ~ 图 3-8 为由实测点数据生成的精河示范区土壤稳渗速率、土壤黏结力和土壤容重表面。

图 3-6　糙河示范区土壤稳渗速率（mm/min）

图 3-7　糙河示范区土壤黏结力（kPa）

图 3-8　糙河示范区土壤容重（g/cm³）

3.2.2 DEM 生成及地形因子提取

数字高程模型（DEM）是某高程基准下地面高程空间分布的有序数字阵列[111]。数字高程模型可以以地形图、遥感测量等方式获得的高程数据为基础。而地形因子主要包括坡度、坡向、地形湿度指数等，可以从 DEM 直接计算获得。

3.2.2.1 DEM 的生成

本书采用的原始数据是 1：5 万纸质地形图（1954 北京坐标系，1956 黄海高程系，等高距为 20m，参考椭球体为克拉索夫斯基）。将地形图经过扫描处理后，利用 Geoway 进行矢量化，数字化最终生成所需的等高线、高程点、河流、陡坎图层，拼接后导出 e00，在 ArcInfo 中转为 coverage 格式并构建拓扑关系。最后用专业 ANUDEM 插值软件，根据已有研究设置参数[112]，生成 10m 分辨率的 Hc-DEM（图 3-9），所谓的 Hc-DEM 即我们所说的水文关系正确的 DEM。此时 DEM 的投影为高斯投影，运用 ArcGIS 进行投影转换，转换为本书统一的投影信息——ALBERS 投影。

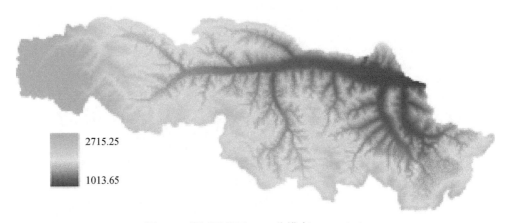

图 3-9 耤河示范区 10m 分辨率 DEM（m）

3.2.2.2　坡度提取

坡度是指地球表面任一点的通过该点的切平面与水平地面的夹角，表示了地表面在该点的倾斜程度，是一个重要的地形因子。在实际应用中，坡度有两种表达方法：一种是坡度，即水平面与地面表面之间的夹角；另一种是坡度百分比，即高程增加量与水平增加量之比的百分数。一般研究采用第一种方法，本书需要这两种表达方法的坡度。利用前面生成的 Hc-DEM 在 ArcGIS 中 Surface Analysis 下生成 10m 分辨率的坡度（图 3-10）。

77.27

0

图 3-10　精河示范区坡度图（°）

3.2.2.3　坡向的提取

坡向是指地表面上一点的切平面的法线矢量在水平面的投影与过该点的正北方向的夹角。对于地面任何一点来说，坡向表征了该点高程值改变量的最大变化方向。输出的坡向数据中，坡向值有如下规定：正北方向为 0°，按顺时针方向计算，取值范围为 0°~360°，精河示范区坡向图如图 3-11 所示。

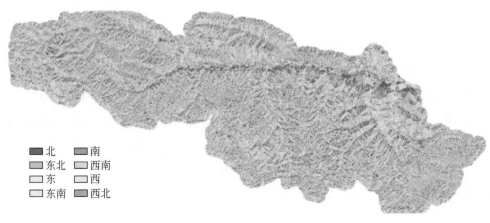

北　南
东北　西南
东　西
东南　西北

图 3-11　精河示范区坡向图

3.2.2.4　地形湿度指数

地形湿度指数是描述土壤含水量的最常用指标，其定义为

$$\varphi = \ln(A/\tan B) \tag{3-1}$$

式中，φ 为地形湿度指数；A 为单位等高线上游的汇水面积，也称为单位汇水面积；B 为坡度（单位为度）。

在地形湿度指数中，需要计算两个值，即单位汇水面积和坡度。坡度可通过 DEM 的表面分析功能直接实现。单位汇水面积的计算可用水文分析的方法来实现，在计算水流累计量中，流向的算法目前有单流向算法、多流向算法，但常用的还是单流向算法中的最大坡降算法（也即 D8 算法）。

地形湿度指数的求取步骤如下：

A. 对 DEM 层用 Fill 命令填洼；

B. 对 FILL 层应用 Flow direction 提取水流方向；

C. 对水流方向层用 Flow accumulation 提取水流累计量；

D. 用栅格计算命令对水流累计量乘以栅格面积，得到单位汇水面积 A，如图 3-12 所示；

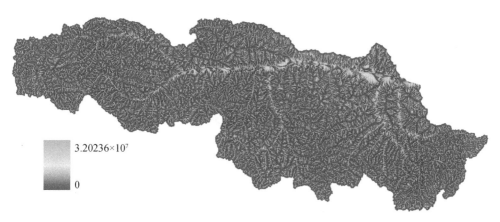

图 3-12 单位汇水面积（m²）

E. 对 DEM 层求坡度 B；

F. 用栅格计算，求 ln（A/tanB）。

得到的耤河示范区地形湿度指数如图 3-13 所示。

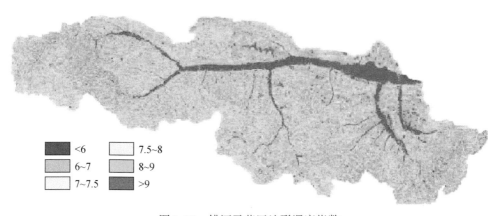

图 3-13 耤河示范区地形湿度指数

3.2.3 遥感提取

3.2.3.1 土地利用的获取

主要数据包括耤河示范区 1：5 万地形图、2005 年 TM 遥感影像

（空间分辨率均为 30m），以及耤河示范区的调查监测资料。首先基于 Geoway 软件对研究区 1∶5 万地形图进行数字化，利用 ANUDEM 生成 10m 分辨率 DEM。在 ERDAS Image 软件下利用地形图对遥感影像进行校正、配准，误差控制在一个像元内。通过非监督分类并辅以目视解译的方法，参考修订后的《土地利用现状调查技术规程》[113]，将研究区土地利用类型划分为耕地、林地、草地、居民地、水体 5 个一级地类，得到研究区 2005 年的土地利用图（图 3-14）。

图例　　草地
耕地　　居民地
林地　　水体

图 3-14　2005 年耤河示范区土地利用图

3.2.3.2　叶面积指数（LAI）

土壤侵蚀的发生在很大程度上取决于植被的好坏，叶面积指数是常用于描述植被覆盖情况的指标，降雨过程中的植被对降水的最大截留量与植被的叶面积指数相关。区域土壤侵蚀模型考虑了植被截留的作用，需要获得叶面积指数。

本书用 2005 年各月的遥感影像，在 ERDAS 中利用式（2-1）提取 NDVI，再结合 2005 年的土地利用图，在 ArcGIS 下利用式（2-2）~式（2-5）进行地图代数计算得到不同月份叶面积指数，图 3-15 是 2005 年 5 月叶面积指数。

6.13

0

图 3-15　2005 年 5 月植被叶面积指数图

第4章 | 大中尺度流域水沙过程数学模型的构建

4.1 模型的总体框架

在理解大中尺度流域土壤侵蚀和影响因子的基础上，基于土壤侵蚀过程构建大中尺度流域水沙过程模型。流域水沙过程模型的主要功能在于模拟流域尺度水沙过程，为水土流失治理的宏观决策提供支持；同时支持对流域尺度水土流失和相关现代地表物质运移过程的定量模拟分析。流域水沙过程模型总体框架如图4-1所示，具体包括以下方面。

1）空间单元划分与时段确定：空间上将较大区域（如一个大中流域或者行政上的数个县或更大区域）以DEM的栅格为基础，将研究区域离散为一系列规则的网格，并以此为基本空间计算单元。时间上以月（或一次暴雨）为基本时间单元（将每个月总的降雨作为一场降雨来处理），将月（或次暴雨）降水量对应的总降水历时划分成若干时段（时间间隔）作为计算迭代的时间单元。

2）单元地表产水过程计算：在每个空间单元（相当于一个坡面），计算时段内植被截流、入渗，计算出时段净雨量，然后扣除微地形填注计算时段径流量。在计算径流量的基础上，计算时段单元格的土壤侵蚀/沉积量。

3）单元间径流泥沙汇集和运移计算：通过DEM确定流向（径流泥沙物质汇集方向），计算时段内上方径流泥沙汇入计算单元的量、计算单元流出的量。然后根据水文地貌学原理，在GIS空间分析功能支

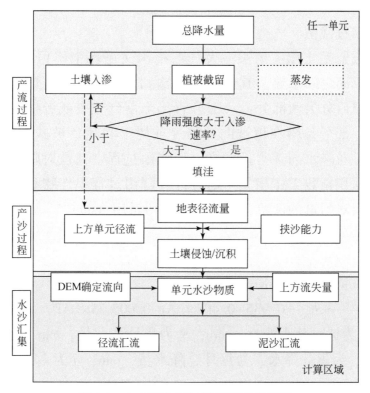

图 4-1 大中流域水沙过程模型总体框架

持下, 完成单元之间径流泥沙的汇集运算。

4.2 单元模型的构建

4.2.1 降雨产流过程

(1) 降雨

根据研究区内布设的雨量站, 对每月 (或次暴雨) 雨量和降雨时间进行统计, 利用空间插值运算, 生成累计雨量空间分布图。再将降雨时间划分若干时段, 在每个时段内完成径流、侵蚀产沙过程计算。每月雨量设为 P, 降雨总历时为 T_r, 划分为 i 个时段, 每时段时间

为 Δt。

（2）植被截留

植被截留是土壤—植被—大气系统水文循环中不可忽略的环节，对系统各界面之间水热及其他物质传输和分配具有重要影响。大气降水到达冠层后分为两部分：一部分直接降落到地表或者植被之间的间隙地带，一部分是落在植被的冠层（或树干和叶）被其截流并存储。植被截留是对降水的基本折减之一，降雨过程中植被对降水的截留与植被的叶面积指数 LAI 相关。通过计算降雨过程中作物和自然植被的蓄水量求出对雨量的截留，降雨累计截留量用 Aston[114]方程计算：

$$S_v = c_p \times S_{max} \times \left[1 - e^{-\eta \frac{P_{cum}}{S_{max}}} \right] \tag{4-1}$$

最大截留量，用 Hoyningen-Huene[115]方程计算：

$$S_{max} = 0.935 + 0.498 \times LAI - 0.005\ 75 \times LAI^2 \tag{4-2}$$

式中，S_{max} 为树冠蓄水能力，mm；S_v 为累计截留量，mm；c_p 为植被盖度，%；P_{cum} 为累计降水，为每月总降水量，mm；η 为系数；LAI 为叶面指数，m^2 / m^2，与植被类型和生长时段有关，各计算网格内的 LAI 计算见式（2-2）~式（2-5）。c_p 用式（4-3）[116]计算，η 用式（4-4）计算：

$$c_p = 100 \times \left[1.0 - e^{(-LAI/2)} \right] \tag{4-3}$$

$$\eta = 0.046 \times LAI \tag{4-4}$$

（3）蒸发

蒸发模型包括蒸发能力和实际蒸散发的计算。

一年中任一月份的蒸散发能力 E_m 按桑斯威特（Thornthwaite）公式计算：

$$E_m = 16b \left(\frac{10T}{I} \right)^a \tag{4-5}$$

其中，

$$a = 6.7 \times 10^7 I^3 - 7.7 \times 10^5 I^2 + 1.8 \times 10^2 I + 0.49 \tag{4-6}$$

$$I = \sum_{j=1}^{12} i_j \tag{4-7}$$

$$i = \left(\frac{T}{5}\right)^{1.514} \tag{4-8}$$

式中，E_m 为蒸散发能力，mm/月；b 为修正系数，为最大可能日照时数，根据纬度查表 4-1，与 12 小时之比值；I 为年热能指数，即一年中 12 个月的热能指数累计值；i 为月热能指数；T 为月平均气温，℃。

表 4-1 平均日最大可能日照时数 N 值[117]（h/d）

北纬（°）	1月	2月	3月	4月	5月	6月	7月	8月	9月	10月	11月	12月
南纬（°）	7月	8月	9月	10月	11月	12月	1月	2月	3月	4月	5月	6月
60	6.7	9.0	11.7	14.5	17.1	18.6	17.9	15.5	12.9	10.1	7.5	5.9
58	7.2	9.3	11.7	14.3	16.6	17.9	17.3	15.3	12.8	10.3	7.9	6.5
56	7.6	9.5	11.7	14.1	16.2	17.4	16.9	15.0	12.7	10.4	8.3	7.0
54	7.9	9.7	11.7	13.9	15.9	16.9	16.5	14.8	12.7	10.5	8.5	7.4
52	8.3	9.9	11.8	13.8	15.6	16.5	16.1	14.6	12.7	10.6	8.8	7.8
50	8.5	10.0	11.8	13.7	15.3	16.3	15.9	14.4	12.6	10.7	9.0	8.1
48	8.8	10.2	11.8	13.6	15.2	16.0	15.6	14.3	12.6	10.9	9.3	8.3
46	9.1	10.4	11.9	13.5	14.9	15.7	15.4	14.2	12.6	10.9	9.5	8.7
44	9.3	10.5	11.9	13.4	14.7	15.4	15.2	14.0	12.6	11.0	9.7	8.9
42	9.4	10.6	11.9	13.4	14.6	15.2	14.9	13.9	12.6	11.1	9.8	9.1
40	9.6	10.7	11.9	13.3	14.4	15.0	14.7	13.7	12.5	11.2	10.0	9.3
35	10.1	11.0	11.9	13.1	14.0	14.5	14.3	13.5	12.4	11.3	10.3	9.8
30	10.4	11.1	12.0	12.9	13.6	14.0	13.9	13.2	12.4	11.5	10.6	10.2
25	10.7	11.3	12.0	12.7	13.3	13.7	13.5	13.0	12.3	11.6	10.9	10.6
20	11.0	11.5	12.0	12.6	13.1	13.3	13.2	12.8	12.3	11.7	11.2	10.9
15	11.3	11.6	12.0	12.5	12.8	13.0	12.9	12.6	12.2	11.8	11.4	11.2
10	11.6	11.8	12.0	12.3	12.6	12.7	12.6	12.4	12.1	11.8	11.6	11.5
5	11.8	11.9	12.0	12.2	12.3	12.4	12.3	12.3	12.1	12.0	11.9	11.8
赤道 0	12.0	12.0	12.0	12.0	12.0	12.0	12.0	12.0	12.0	12.0	12.0	12.0

实际蒸散发的计算分为三部分：冠层截留水蒸发（E_1）、非饱和土壤水蒸发（E_2）和地下水蒸发（E_3）。计算原则：冠层叶面截留水

按蒸散发能力蒸发，截留水量不够蒸发时，剩余蒸散发能力从非饱和土壤层蒸发。土壤水蒸发不够时，剩余蒸散发能力由地下水蒸发。其中，非饱和土壤水蒸发（E_2）主要用于植物蒸腾和裸地蒸发，是蒸发模拟的核心部分。土壤水蒸发同剩余蒸散发能力和土壤含水量成正比，与土壤最大蓄水量成反比。

各层蒸发计算如下：

冠层的实际蒸发量：

$$E_1 = \min\{S_v, E_m\} \tag{4-9}$$

非饱和土壤蒸发量：

$$E_2 = (E_m - S_v)\frac{W_t}{W_m} \tag{4-10}$$

式中，W_m 为网格蓄水容量，mm；W_t 为网格土壤月平均含水量，mm。

计算单元格的土壤最大蓄水量 W_m，即为田间持水量。因在区域内实测田间持水量困难，可用地形湿度指数的方法进行估算[118]：

$$W_m = W_{\min} + \left[\frac{\ln(\alpha/\tan\beta) - \ln(\alpha/\tan\beta)_{\min}}{\ln(\alpha/\tan\beta)_{\max} - \ln(\alpha/\tan\beta)_{\min}}\right]^\lambda (W_{\max} - W_{\min}) \tag{4-11}$$

式中，$W_{\max}$ 为流域最大蓄水容量，mm；$W_{\min}$ 为流域最小蓄水容量，mm；$\ln(\alpha/\tan\beta)$ 为网格地形指数值；$\ln(\alpha/\tan\beta)_{\max}$ 为流域最大地形指数值；$\ln(\alpha/\tan\beta)_{\min}$ 为流域最小地形指数值；λ 为指数，由实测数据率定。

因此，蒸发损失量为

$$E = E_1 + E_2 \tag{4-12}$$

落地雨量：

$$PE = P - S_v \tag{4-13}$$

落地雨强：

$$h_f = PE/T_r \tag{4-14}$$

式中，h_f 为落地雨强；T_r 为月降雨历时；P 为雨量。

（4）土壤入渗

降雨向土壤入渗的计算，可以有多种方法，包括 Holtan 方程、

Green and Ampt 方程、Swater 模型、Richard 方程等。但是对于具体方法的确定，主要取决于资料基础和土壤物理特征等因素。

以前的模型算法中，由于受数据限制，入渗模型选择 $f_t = f_c + kt^{-\beta}$，但在实际模拟计算时，很难趋于稳渗，既耗时又和入渗过程不相符。入渗计算的算法也是根据超渗产流机制设计的，限制了模型的应用。因此探索既适用于超渗产流，又可用于蓄满产流的算法设计。

通过在延安和秸河流域野外试验，选取了 80 多个样点的入渗过程数据进行分析，发现较符合 Kostiakov 模型[119]：

$$f_t = kt^{-\beta} \tag{4-15}$$

所以选择该模型作为入渗过程计算。根据野外入渗过程试验，经室内分析处理，得到各样点的 k、β 和稳渗速率 f_0，插值得到三个值的区域表面，作为模型输入的基本参数。

下面在 t 至 $t+\Delta t$ 时段内推求入渗：

由式（4-14）可得 $t+\Delta t$ 时刻的下渗速率为

$$f_{t+\Delta t} = k(t+\Delta t)^{-\beta} \tag{4-16}$$

1）当时段 Δt 内雨强 $h_f \leqslant f_{t+\Delta t}$ 时，实际入渗量：

$$F_{\Delta t} = \text{PE}(t_i) = \text{PE}/i \tag{4-17}$$

PE (t_i) 为 t_i 时段落地雨量，mm。

2）当 $h_f > f_t$ 时，实际入渗量：

$$F_{\Delta t} = \int_t^{t+\Delta t} f_t \mathrm{d}t = \int_t^{t+\Delta t} (kt^{-\beta}) \mathrm{d}t = \frac{k}{1-\beta} \left[(t+\Delta t)^{(1-\beta)} - t^{(1-\beta)} \right] \tag{4-18}$$

3）当 $f_t > h_f > f_{t+\Delta t}$ 时，$t+x$ 时刻的入渗率为

$$f_{t+x} = k(t+x)^{-\beta} = h_f \tag{4-19}$$

可得

$$x = \left(\frac{h_f}{k} \right)^{-1/\beta} - t \tag{4-20}$$

则 t 到 $t+\Delta t$ 时刻的实际入渗量为

$$F_{\Delta t} = \int_{t}^{t+x} h_f \mathrm{d}t + \int_{t+x}^{t+\Delta t} f_t \mathrm{d}t = h_f x + \frac{k}{1-\beta} \left[(t+\Delta t)^{(1-\beta)} - (t+x)^{(1-\beta)} \right]$$

$$(4\text{-}21)$$

$$W_j = W_0 + \sum_{0}^{t} F_{\Delta t} \qquad (4\text{-}22)$$

式中，W_0 为每月降雨前的土壤含水量，mm，用上月的土壤含水量代替。

若 $W_j < W_m$（即蓄满以前），则时段内净雨 R_j 由落地雨量 PE(i) 和时段入渗量 $F_{\Delta t}$ 确定：

当 PE(i)$\leqslant F_{\Delta t}$时，$R_j = 0$ $\qquad\qquad$ (4-23)

当 PE(i)$> F_{\Delta t}$时，$R_j = $PE($i$)$- F_{\Delta t}$ $\qquad$ (4-24)

若 $W_j \geqslant W_m$时，土壤含水量已满足田间持水量 W_m。此时，下垫面包气带已达到饱和，入渗速率达到稳定入渗速率f_c，时段入渗量 $F_{\Delta t}$ 为

$$F_{\Delta t} = f_c \times \Delta t \qquad (4\text{-}25)$$

时段内净雨仍用式（4-24）计算。

（5）填洼

流域上存在大大小小的闭合洼陷部分为洼地。降雨中被洼地拦蓄的那部分雨水称为填洼量。当净雨强度超过地面下渗能力时，超渗雨即开始填充洼地，当每一洼地达到其最大容量后，后续降雨会产生洼地出流，即形成地表径流。对于洼地填满前形成的径流，将忽略不计。为此参照 LISEM 模型中使用的方法，求取洼地最大拦蓄水量（maximum depression storage，MDS）[120]。

$$\mathrm{MDS} = 0.243 \times \mathrm{RR} + 0.010 \times \mathrm{RR}^2 + 0.012 \times \mathrm{RR} \times S \qquad (4\text{-}26)$$

式中，MDS 为最大洼地拦蓄水，cm；RR 为栅格内相对高程的标准差，cm，也称随机糙率，在田间用 $1\,\mathrm{m}^2$ 范围测定[121,122]；S 为地面坡度，%。

（6）单元降雨径流深

当地表微小洼地被填满后，所有洼地将连通为一个整体，进而地面径流（overflow）开始产生，净雨剩余的雨量将转化为径流。

$$R_{sj} = (R_j - \mathrm{MDS}) \qquad (4\text{-}27)$$

式中，R_{sj} 为时段径流深，mm；R_j 为时段净雨深，mm。

（7）时段末单元格中的径流总量

根据水量平衡原理，时段末单元格的径流量包括单元格降雨产生的径流量、时段内流出单元格的径流量、时段内从相邻单元汇入当前单元格的径流量和上时段末单元格滞留的径流量。因此，时段末单元格的径流量为

$$W_j = W_{j-1} + W_{pj} + W_{hj} - W_{Lj} \qquad (4\text{-}28)$$

式中，W_j 为时段末单元格中的径流总量，m³；W_{j-1} 为时段内流出单元格的径流量，m³；W_{pj} 为时段单元产流量，即径流量，m³；W_{hj} 为时段内汇入的径流量，m³；W_{Lj} 为时段内流出单元格的径流量，m³。

（8）时段末单元格中的径流深

$$R_{zj} = W_j / a^2 \qquad (4\text{-}29)$$

式中，R_{zj} 为时段末单元格中的径流深，m。

（9）流速计算

由曼宁公式计算时段末径流出流速度：

$$V_j = \frac{1}{n} J^{1/2} R_{zj}^{2/3} \qquad (4\text{-}30)$$

式中，V_j 为时段末径流出流速度，m/s；R_{zj} 为 j 时段末单元格的径流深，m；n 为曼宁系数（无量纲），根据单元土地利用类型的不同选取相应的值[123]；J 为坡度比降，$J = \text{tg}\alpha$，α 为坡度，（°）。

4.2.2 侵蚀产沙过程

任一时段步长内，对于每个单元格来说，其中的径流中泥沙量应包括上一时段末滞留的泥沙量、本时段径流剥蚀量（沉积量）、从相邻单元格流入的泥沙，减去向它的下级相邻单元流出一部分泥沙。因此，可以计算出任一时段末单元格的泥沙总量：

$$E_j = E_{j-1} + E_{fj} + E_{hj} - E_{Lj} \qquad (4\text{-}31)$$

式中，E_{j-1} 为 $j-1$ 时段末单元格径流中的泥沙量，kg；E_{fj} 为 j 时段内径

流剥蚀量，kg；E_{hj} 为 j 时段内相邻单元格汇入的泥沙量，kg；E_{Lj} 为 j 时段内流出单元格的泥沙量，kg。

下面分别计算。

（1）径流剥蚀

根据 Smith 等[124]提出的侵蚀—沉积理论，径流对下垫面的冲刷依赖于水流对下垫面的剪切作用和水流的紊动作用，侵蚀和沉积总是相伴发生的，径流的挟沙能力是对剥蚀和沉积之间对抗平衡的反映。根据这一理论，径流的挟沙能力代表剥蚀速度和沉积速度平衡时的泥沙含量，在假设土壤颗粒疏松的情况下，侵蚀和沉积过程是可逆的。因此，径流的剥蚀速率可以表示为挟沙能力和泥沙沉积速度的函数。但在实际中，剥蚀受到土壤黏结力的制约，无论泥沙含量是否大于挟沙能力，土壤颗粒的启动都会受到与土壤黏结力相关的系数减弱，于是，将径流的剥蚀速率表示为

$$D_{fj} = Ywv_s(T_{cj} - C_j) \times a \qquad (4\text{-}32)$$

其中：

1）T_{cj} 为时段末径流流携沙能力，用下式[125]［式（4-33）~式（4-35）］计算：

$$T_{cj} = 2650 \times c \times (v_j \times \sin S \times 100 - 0.4)^d \qquad (4\text{-}33)$$

$$c = [(D_{50} + 5)/0.32]^{-0.6} \qquad (4\text{-}34)$$

$$d = [(D_{50} + 5)/300]^{0.25} \qquad (4\text{-}35)$$

式中，T_{cj} 为水流挟沙能力，kg/m³；v_j 为时段末径流速度，m/s；S 为地面坡度，（°）；D_{50} 为泥沙中值粒径，μm；c，d 为系数。

2）C_j 为时段末泥沙含量，kg/m³：

$$C_j = E_j / [(E_j/2650) + W_j] \qquad (4\text{-}36)$$

式中，C_j 为时段末单元格泥沙含量，kg/m³；E_j 为时段末单元格泥沙量，kg；W_j 为时段末单元格径流量，m³。

3）Y 为径流剥蚀有效系数[126]：

当 $T_c < C$ 时，$Y = 1$，此时 D_f 为负值，沉积发生；

当 $T_c>C$ 时，$Y<1$，此时发生剥蚀：

$$Y=0.79\times e^{-0.85J} \tag{4-37}$$

式中，J 为土壤黏结力，kPa，与土地利用类型有关，根据实测数据输入。

4）v_s 为泥沙颗粒沉降速度，m/s，用 Stocks 理论公式[127]计算：

$$v_s=\frac{gD^2(r_s-r)}{18\mu} \tag{4-38}$$

式中，v_s 为颗粒沉降速度，m/s；g 为重力加速度，9.8N/kg；D 为泥沙粒径，m；μ 为水动力黏滞系数，1.002×10^{-3} N.S/m²；r_s 为泥沙密度，2650kg/m³；r 为水密度，1000kg/m³。

5）w 为径流宽度，m，等于栅格宽度 a。

因此，j 时段内径流剥蚀或沉积量为

$$E_{fi}=\frac{1}{2}(D_{f(j-1)}+D_{fj})\times\Delta t\times60 \tag{4-39}$$

式中，E_{fj} 为时段内径流剥蚀或沉积量，kg；D_{fj} 为时段末径流剥蚀或沉积速率，kg/s；Δt 为时段步长，min。

（2）时段内流出的泥沙量

当 $C_{j-1}\geq T_{c(j-1)}$ 时，以 $T_{c(j-1)}$ 的含沙量流出水沙，则时段内流出单元格的泥沙量：

$$E_{Lj}=\left(W_{Lj}+\frac{E_{Lj}}{2650}\right)\times T_{c(j-1)} \tag{4-40}$$

可得

$$E_{Lj}=T_{c(j-1)}W_{Lj}\times\frac{2650}{2650-T_{c(j-1)}} \tag{4-41}$$

式中，E_{Lj} 为时段内流出单元格的泥沙量，kg；$T_{c(j-1)}$ 为上时段末单元格径流的携沙能力，kg/m³；W_{Lj} 为时段内单元格流出的径流量，m³。

同理，当 $C_{j-1}<T_{c(j-1)}$ 时，以 C_{j-1} 的含沙量流出，时段内流出单元格的泥沙量：

$$E_{Lj}=C_{j-1}W_{Lj}\times\frac{2650}{2650-C_{j-1}} \tag{4-42}$$

式中，C_{j-1} 为上时段末单元格内泥沙含量，kg/m^3。

（3）时段内汇入的泥沙量

时段内汇入的泥沙量 E_{hj} 就是它上一级单元格流出泥沙量，与计算时段内汇入的径流量相同都是采用栅格格网遍历运算。

4.2.3　径流泥沙汇集过程

径流和泥沙总量的汇集可通过 ArcMap 内置径流汇集函数 flowaccumulation 来实现，其基本思想是，以规则格网表示的数字地面高程模型每点处有一个单位的水量，按照自然水流从高处流往低处的自然规律，根据区域地形的水流方向数字矩阵计算每点处所流过的径流泥沙数值，便可得到该区域径流泥沙汇集的数字矩阵。在此过程中，使用了权值全为 1 的权值矩阵。权值矩阵是一个连续的数字矩阵，它表示了在一次暴雨中径流或泥沙量，可用来计算一个流域内的径流量和输沙量。输出的汇集量矩阵表示了流经每个栅格的径流量或泥沙量。

汇流的基本原理如图 4-2 所示，其中 S_1 为表面的初始值，是 flowaccumulation 命令的权重项；S_2 为根据 DEM 确定的径流流向表面；S_3 是流水线上方各单元汇集到每个栅格中的单元数，是 flowaccumulation 命令的输出项；S_4 是 S_1 与 S_3 的和[82]。用作汇流的初始表面为降雨时间末单元格的径流、泥沙总量，通过汇流计算可得到流域出口径流量、输沙量，进而计算出流域的径流模数和输沙模数。

输入径流表面(S_1)						水流方向(图)(S_2)	汇流计算输出表面(S_3)						总径流量表面(S_4)					
1	1	1	1	1	1		0	0	0	0	0	0	1	1	1	1	1	1
1	1	1	1	1	1		0	1	1	2	2	0	1	2	2	3	3	1
1	1	1	1	1	1		0	3	7	5	4	0	1	4	8	6	5	1
1	1	1	1	1	1		0	0	0	0	20	1	1	1	1	1	21	2
1	1	1	1	1	1		0	0	0	1	24	1	1	1	1	2	25	2
1	1	1	1	1	1		0	2	4	7	35	1	1	3	5	8	36	2

图 4-2　汇流原理图

第5章 大中尺度流域水沙过程模型系统的设计与开发

5.1 系统框架设计及逻辑结构

5.1.1 系统框架设计

软件设计的主要目的是实现流域水沙过程模型基本功能，以及模型与 GIS 结合。因此，软件的框架设计主要围绕水土流失模型的计算、数据管理与操作、泥沙分析，及其他辅助功能展开。为了达到设计标准，提高软件系统的开发效率，系统将基于 ArcGIS 进行二次开发。同时，将微软的组件技术应用到系统开发中，把系统中独立的、且需复用的模块以组件形式设计，使功能模块独立且可复用，为后续开发过程中修改或添加功能提供极大的便利。系统以 ArcGIS Engine 组件为基础，在微软的 .NET Framework 4.0 下，用 C#语言为开发工具进行设计与开发。系统架构如图 5-1 所示。

5.1.2 功能模块

流域水沙过程模型的逻辑结构如图 5-2 所示，为三层结构，即用户表示层、业务逻辑层以及数据层。

三层结构将用户操作、方法调用、数据访问有效地分离开，降低了各层之间的耦合性，使得三层之间彼此独立。这样就不必为了业务

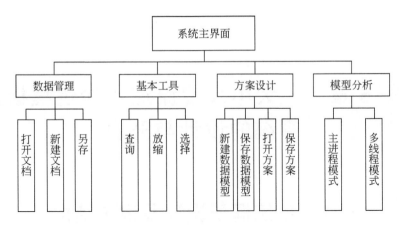

图 5-1 系统架构图

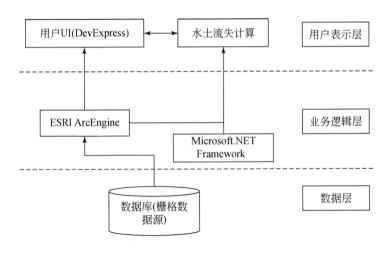

图 5-2 逻辑结构图

逻辑上的微小变化而迁扯整个程序进行修改，只需要修改业务逻辑层中的一个方法或一个类，同时增强了代码的可重用性，更加便于不同层次的开发人员只要遵循一定的接口标准就可以进行并行开发，最终只要将各个部分拼接到一起，即可构成最终的应用程序。

（1）数据层

该层是提供数据服务的层，主要负责数据的存储管理与检索、提供对数据的各种操作方法，由服务层来调用并完成业务逻辑。主要包括栅格数据、矢量数据、表格数据和文字等。

（2） 业务逻辑层

该层是上下两层的纽带，可以建立实际的数据库连接，根据用户的请求生成检索语句或更新数据库，并把结果返回给前端界面显示。该层具有良好的伸缩性，可根据具体业务的变化独立改变，将对应用层和数据层的影响减至最小。主要负责实施数据读写访问、元数据缓存与动态调度、略图缓存与动态调度、地理空间数据动态调度和数据库连接共享等任务。

（3） 用户表示层

用户表示层用于显示数据和接收用户输入的数据，给用户呈现图形、声音等详细信息，同时向用户提供友好、快捷、方便的操作界面。由于有下面两层的支持，它不必关心业务逻辑是如何访问数据库的，只需将精力集中在人机交互界面和分析计算上即可，直接面向用户。

5.2　系统模型设计

系统模型以方案为驱动，支持批量分析。方案由数据模型、数值模型及输出参数组成。

数据模型：指参与模型计算的栅格数据。包括降雨、叶面积指数、DEM、土地利用图层、稳渗速率、入渗公式中的系数 k、入渗公式中的系数 b 及网格地形指数值等数据。

数值模型：指参与模型计算的数值，包括降雨时间、降雨强度调整系数、时间步长等。

输出参数：指模型计算输出的相关参数，包括降雨雨强名称、植被截留名称、微地形填洼名称及数据输出（净雨径流深、时段内入渗量、径流量、输沙量等）。

5.3　关键技术开发

（1）数据持久化

1）持久化。将方案模型持久化可避免参数的重复配置，提高系统的可重复性。

2）松散耦合。使持久化不依赖于底层数据和上层业务逻辑实现，更换数据时只需修改配置文件而不用修改代码。

（2）栅格格网遍历运算

栅格格网遍历运算是指在运算时读取每一张栅格图像，然后运用游标遍历栅格图像的每一个基本单元格——像素，得到该单元格的值后，经过运算求得新图层相应单元格的值，从而生成结果图像。具体操作如下。

1）读取栅格图像的整个范围，得到图像的行列号，令图像的左上角为原点。

2）从原点开始，运用游标遍历栅格图像的每一个像素，得到该像素的值。

3）使用上述方法可得到每张图像参与栅格运算的像素值，经过数值运算得到新的像素值，生成结果图像。

5.4　功 能 展 示

5.4.1　系统主界面

界面是用户与系统进行交互传递的信息层。用户的第一印象往往取决于界面设计的好坏。不仅如此，设计优美的界面对用户是否能够轻松地完成软件系统提供的操作，有一定的引导作用。区域水土流失过程模型的界面，由"数据管理""基本工具""方案设计""模型分析"四个菜单项构成，如图 5-3 ~ 图 5-6 所示。

图 5-3　数据管理

图 5-4　基本工具

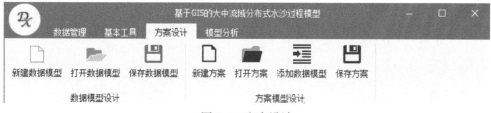

图 5-5　方案设计

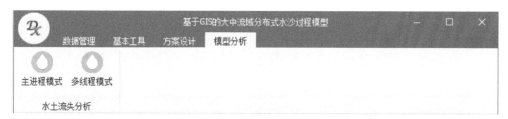

图 5-6　模型分析

5.4.2　输入参数的设置

参数的设置包括基本数据设置界面（图 5-7）、降雨参数设置界面

（图5-8）、蒸发参数设置界面（图5-9）和微地形填洼设置界面（图5-10）。基本数据设置是选择要输入的主要基本计算参数：降雨、DEM、土地利用类型、叶面积指数、土壤黏结力和稳渗速率等。降雨参数设置主要包括降雨时间的输入、雨强调整系数、时间步长的设置等。蒸发参数设置界面输入计算蒸发所需要的参数，如月平均气温、土壤含水量、蓄水容量、流域最大蓄水容量和最小蓄水容量、流域最大地形湿度指数和最小地形湿度指数等。微地形填洼设置主要包括输入土地利用图层、计算坡度的 DEM 和计算结果命名。

图 5-7　基本数据设置界面

5.4.3　数据输出设置

模型可供用户输出的数据有 12 种，界面采用复选按钮的方式，用户只需将希望保存的数据的复选按钮选中即可，并可以输入输出数据的符号。设置包括了是否将每一个步长的所有数据保存、是否设置每

基本数据设置　降雨参数设置　蒸发参数设置　微地形填洼设置　数据输出

降雨历时：	600
降雨强度调整系数：	1.6
时间步长：	100
叶面积指数：	lai0507 ▼
DEM数据：	dem_75 ▼
降雨数据选择：	rain0507 ▼
降雨雨强名称：	rainin
植被截留名称：	Sv

图 5-8　降雨参数设置界面

基本数据设置　降雨参数设置　蒸发参数设置　微地形填洼设置　数据输出

网格最大蓄水量Wm

流域最大蓄水容量(mm)：	183.6	流域最小蓄水容量(mm)：	60
流域最大地形指数值：	25.45	流域最小地形指数值：	3.91
指数λ：	0.13	网格地形指数值：	twi-75 ▼
网格最大蓄水量名称：	WM		

非饱和土壤蒸发量

月平均气温：	20.74	最大可能日照小时数：	14

前期土壤含水量

每月的前期土壤含水量Wt：	mois0506-75 ▼

图 5-9　蒸发参数设置界面

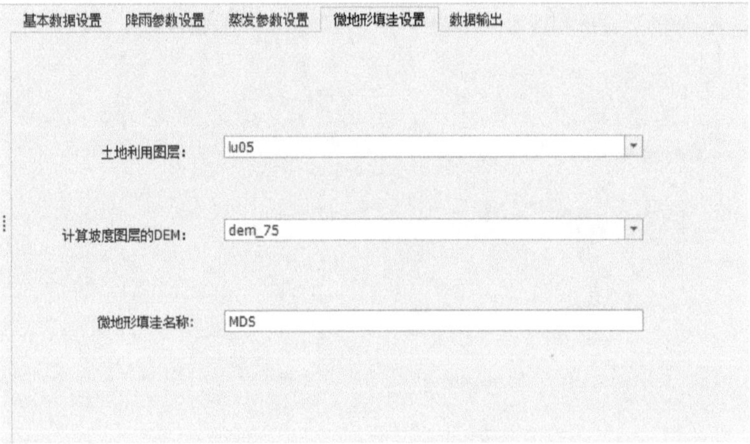

图 5-10　微地形填洼设置界面

一个步长不同的输出数据、设置最终计算后保存的输出数据（图5-11）。

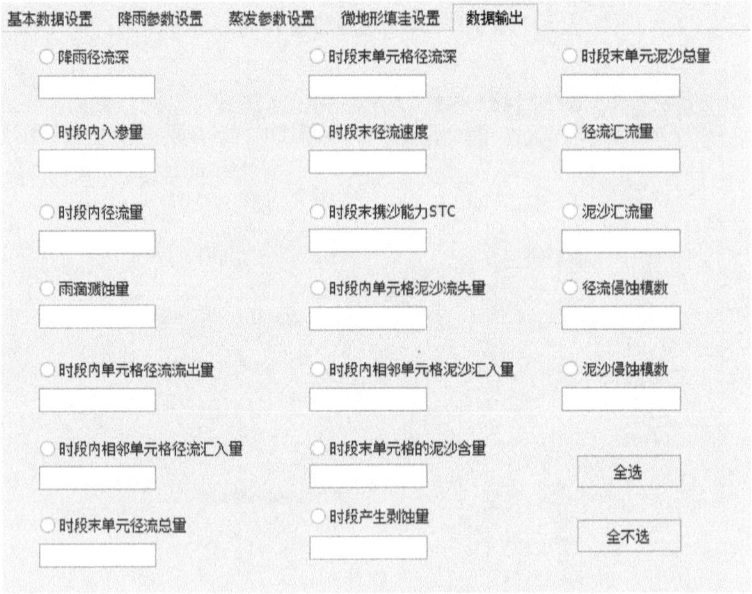

图 5-11　数据输出设置界面

5.4.4 方案保存

将相关参数设置完成后，点击"保存"按钮，可生成方案配置文件。如图 5-12 所示，默认将文件输出到系统根目录 Scheme 文件夹下。

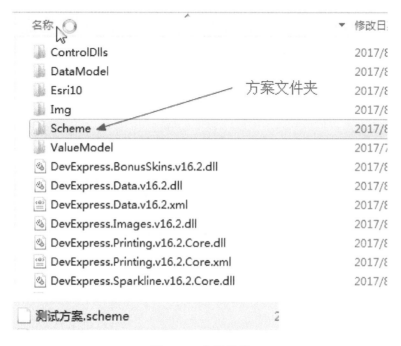

图 5-12 方案保存

5.4.5 选择方案路径

如图 5-13 所示，点击打开文件夹，程序自动搜索文件夹下符合条件的方案，并显示在方案列表中。

5.4.6 执行方案

点击执行按钮，程序开始读取方案中的参数，进行计算。显示界面如图 5-14 所示。

图 5-13　选择方案路径

图 5-14　执行方案

5.5　模型的测试与运行

模型先进行单元测试，即在编写了类模块后对每个类模块进行测试，可以发现编码和详细设计的错误，以保证每个模块作为一个单元能正确运行，再将经过测试的模块放在一起，形成一个子系统来测试。模块之间的协调和通信是这个测试过程中的主要问题，因此这个步骤着重测试模块的接口。最后将所有模块装配成一个完整的模型来测试，在这个过程中不仅可以发现设计和编码的错误，还可以验证系统是否确实能提供设计时制定的功能。经过测试和调试阶段，可以证明模型的正确性和稳定性。在模型的开发阶段需要不断试验，这种情况下必须选取面积大小适中、土壤侵蚀类型较全、强度较大、数据基础良好的区域。因此，选择天水耤河流域 2005 年 7 月的数据进行测试。

5.5.1　模型输入文件

模型输入文件包括气象（降雨历时等）、DEM、土壤参数、土地利用类型、叶面积指数（LAI）和其他参数等文件（表5-1）。

表 5-1　区域水土流失模型输入文件表

参数名称	单位	用途	生成方式
DEM	m	计算坡度和进行水文分析	ANUDEM 生成
土地利用类型	无量纲	计算 LAI、曼宁系数	TM 影像解译
月雨量表面	mm	计算降水强度	由气象资料经插值生成
降雨历时	min	计算降水强度	月降雨资料统计得出
叶面积指数	m^2/m^2	计算植被截流量	由 NDVI 换算
土壤稳渗速率	mm/min	计算净雨	由实测数据经插值生成
土壤饱和黏结力	KPa	计算径流剥蚀	由实测数据经插值生成
其他参数	泥沙中值粒径、随机糙率、曼宁糙率系数等		

5.5.2 模型初步运行结果

在 DEM 基础上将研究区离散化为一系列规则的单元格（75m×75m），将月降雨过程分时段（100min）进行模拟计算，模拟得到2005 年 7 月降雨径流和侵蚀产沙过程，主要的输出结果如图 5-15所示。

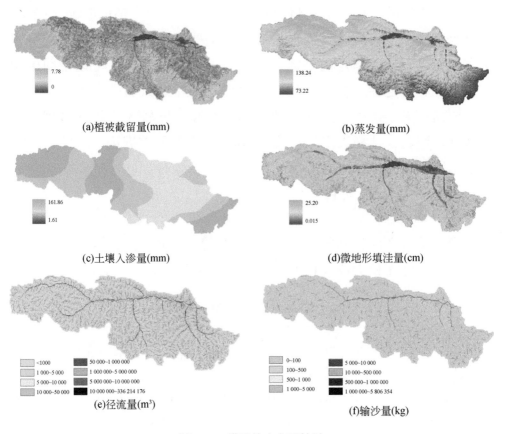

(a)植被截留量(mm)　　　　　　　　(b)蒸发量(mm)

(c)土壤入渗量(mm)　　　　　　　　(d)微地形填洼量(cm)

(e)径流量(m³)　　　　　　　　(f)输沙量(kg)

图 5-15　模型输出主要结果

从输出的结果图可以看出，模拟结果可以反映耤河流域侵蚀特征、输出图形空间格局和结构，符合实际情况。宏观上主要受土地利用和气候特征影响，微观上主要受地形微起伏影响。输出的径流、输沙量和输沙模数和实际观测数据比较接近。结果表明，模型设计时的各个模块都能够达到预定功能，得到的径流和泥沙的栅格图形在空间格局上都是正确的，因此可以确定模型所采用的运算方法和实现手段可行。

第6章 模型在孤山川流域的验证

6.1 研究区概况

6.1.1 地理位置

孤山川是黄河中游右岸的一级支流，发源于内蒙古自治区准格尔旗乌日高勒乡川掌村，流经准格尔旗和陕西省府谷县，在府谷镇附近汇入黄河（图6-1）。涉及陕西、内蒙古两省（自治区），属于毛乌素沙地南缘与黄土丘陵沟壑区的过渡地貌，是黄河的粗泥沙集中来源区。流域总面积为1272km²，其中内蒙古准格尔旗254km²，陕西府谷县1018km²，干流长79.4km。流域于1953年9月在府谷县高石崖村设立水文站；1965年前设有新民镇、高石崖雨量站；1965年后增加新庙、孤山雨量站。该流域又处在国家级重点预防监督区，大量的开发建设项目对区域环境产生了巨大影响，尤其是煤矿开采形成的各类弃土、弃渣造成了新的水土流失，成为黄土高原侵蚀较为严重的地区之一，也是学术界关注的热点。

6.1.2 地形地貌

孤山川流域地处毛乌素沙地与黄土丘陵沟壑区的过渡地带，南北跨越长城内外，流域内地貌类型比较单一，主要是黄土丘陵沟壑地貌类型区，其中上游有少部分黄土盖沙区，下游沿黄河河谷一带为基岩

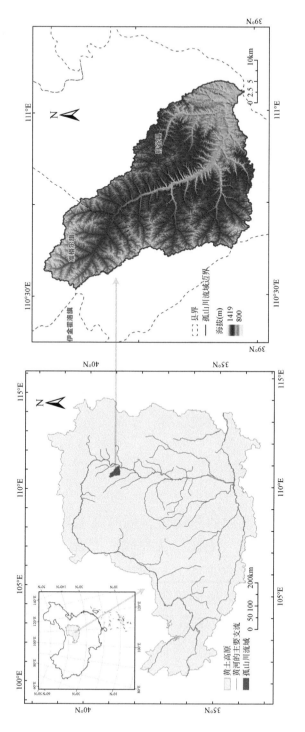

图6-1 孤山川流域位置

沟谷丘陵区，水土流失严重，河源海拔 1380m，河口海拔 811.3m，相对高差为 568.7m，平均比降为 5.40‰，沟壑密度 2.91km/km²，年均侵蚀模数16 800t/km²，年均输沙量2139 万 t，全流域均为多沙粗沙区，其中粗泥沙集中来源区面积 1268km²。

6.1.3　土壤与植被

孤山川丘陵沟壑区分布第四纪黄土，厚度为 80 ~ 200m。水蚀风蚀严重。沟谷非常发育，切割很深，主河道已下切到基岩面以下。流域主要土壤类型为黄绵土，占 66.07%，黄土的形成与土壤的侵蚀密切相关，是在黑垆土的基础上被侵蚀后形成的。剖面无明显发育，结构均匀，层次不明显。肥力中等，土壤疏松，耕性良好；其次为栗钙土，占 26.74%。孤山川土层深厚、质地疏松、植被稀少，土壤侵蚀严重，沟谷发育，是典型的黄土丘陵沟壑区。孤山川丘陵沟壑区主要植被类型为长芒草、蒿类，几乎分布于全流域，下游主要为本氏羽茅和达乌里胡枝子草原，以油松、侧柏、杜松为主的针叶林分布在流域的高海拔地区，是这一地区重要的植物资源。

6.1.4　气候与水文特征

流域地处鄂尔多斯高原的东南坡，同时又是西北黄土高原边缘地带，属黄土丘陵沟壑区第一副区，从气候特点看属于干旱、半干旱大陆性季风气候区，既有鄂尔多斯高原风大沙多的特点，又有黄土高原的大陆性气候，雷阵雨多，暴雨强度大。气温随地势由西北向东南递增，年平均气温为 7.3℃，极端最低气温为−32.8℃，极端最高气温为 39.1℃，日平均气温≥10℃的有效积温为 3350℃。多年平均降水量约为 430mm，流域的东南部雨量偏多，西北部雨量偏少，流域的中下游经常出现暴雨中心。降水年际变化大且年内分配不均，多以暴雨形式出现，汛期（6 ~ 9 月）雨量可占全年雨量的 80%，7、8 两月雨量占年雨量的54%。高强度暴雨是流域内径流、泥沙产生的主要原因，洪水沙量占全年总沙量的96%以上，汛期沙量占全年沙量的99%以上。

6.2 孤山川流域径流泥沙模拟结果和精度分析

选取孤山川流域典型年份，即1986年、1997年、2006年、2013年，将月降雨过程分时段进行模拟计算，模拟得到各月降雨径流和侵蚀产沙过程，得到各月径流量、输沙量、输沙模数等图层，再分别将各月图层叠加得到各典型年份的年径流量（图6-2）、输沙量（图6-3）和输沙模数（图6-4）等图层。

从模拟的结果来看，孤山川流域1986~2013年径流泥沙的变化可分为三个阶段。第一阶段为1986~1997年，由于矿产资源开采等强烈的人为活动，使流域水土流失严重，径流量、输沙量和输沙模数变大，这期间流域侵蚀面积分布广泛，尤其中下游地方侵蚀更严重。第二阶

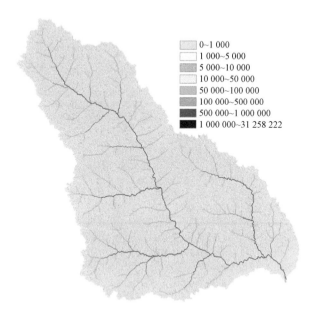

（a）1986年孤山川径流量模拟值(m³)

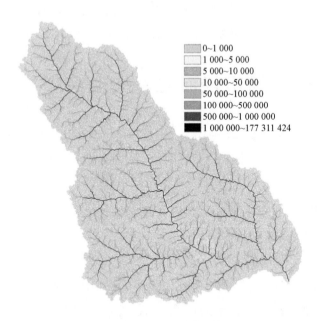

图例：
- 0~1 000
- 1 000~5 000
- 5 000~10 000
- 10 000~50 000
- 50 000~100 000
- 100 000~500 000
- 500 000~1 000 000
- 1 000 000~177 311 424

(b)1997年孤山川径流量模拟值(m³)

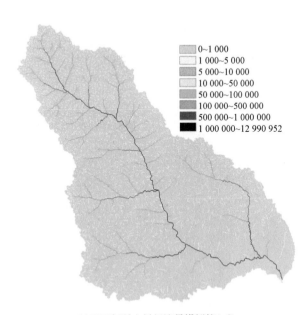

图例：
- 0~1 000
- 1 000~5 000
- 5 000~10 000
- 10 000~50 000
- 50 000~100 000
- 100 000~500 000
- 500 000~1 000 000
- 1 000 000~12 990 952

(c)2006年孤山川径流量模拟值(m³)

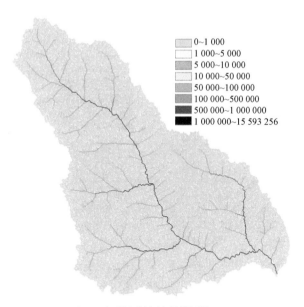

(d)2013年孤山川径流量模拟值(m³)

图6-2 典型年份孤山川径流量模拟值

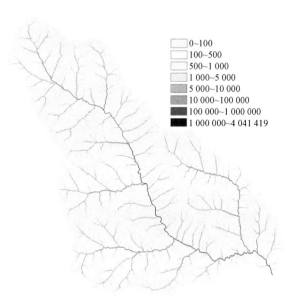

(a)1986年孤山川输沙量模拟值(t)

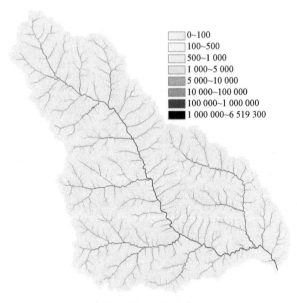

(b)1997年孤山川输沙量模拟值(t)

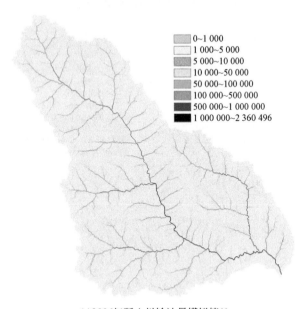

(c)2006年孤山川输沙量模拟值(t)

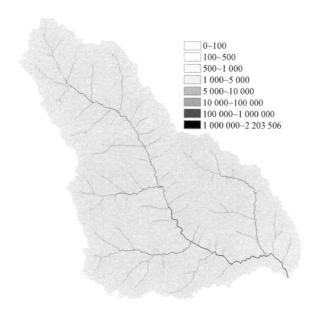

(d)2013年孤山川输沙量模拟值(t)

图 6-3 典型年份孤山川输沙量模拟值

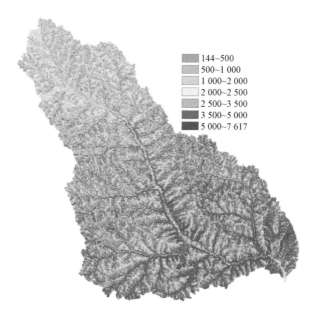

(a)1986年孤山川输沙模数模拟值[t/(km²·a)]

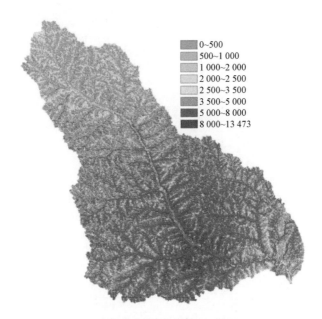

(b)1997年孤山川输沙模数模拟值[t/(km²·a)]

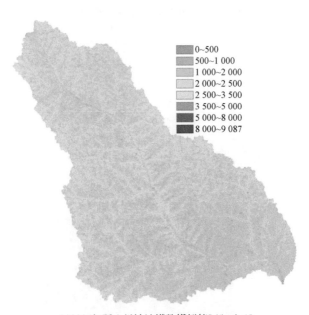

(c)2006年孤山川输沙模数模拟值[t/(km²·a)]

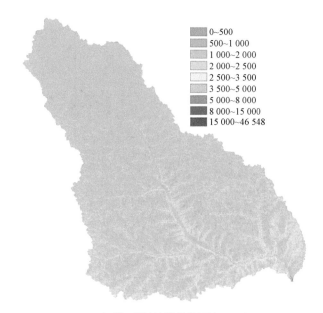

0~500
500~1 000
1 000~2 000
2 000~2 500
2 500~3 500
3 500~5 000
5 000~8 000
8 000~15 000
15 000~46 548

(d)2013年孤山川输沙模数模拟值[t/(km²·a)]

图6-4　典型年份孤山川输沙模数模拟值

段为 1997～2006 年，径流量、输沙量和输沙模数锐减，尤其是流域的东南部下游地区，土壤侵蚀得到了较好的控制，说明从 1999 年起国家退耕还林（草）政策的实施效果明显。第三阶段为 2006～2013 年，径流泥沙比较稳定的阶段，但总体上径流、泥沙都有所减少，这与国家和地方加大生态环境治理和水土保持措施实施分不开。

　　将孤山川流域径流量、输沙量和输沙模数的模拟值与水文观测值做比较分析（表6-1），结果表明：1986 年、1997 年、2006 年、2013 年径流量模拟值的相对误差分别为 7.79%、−11.13%、−12.16% 和 −12.71%，平均（绝对值）为 10.95%；输沙量模拟值的相对误差分别为 −7.76%、−2.25%、19.80% 和 12.25%，平均（绝对值）为 10.52%；输沙模数模拟值的相对误差分别为 −5.34%、−6.77%、24.04% 和 32.86%，平均（绝对值）为 17.25%。这一方面验证了模型的适用性，另一方面也说明了模型模拟精度较高。

表 6-1 孤山川流域径流泥沙模拟结果精度分析

年份	径流量（万 m^3）				输沙量（万 t）				输沙模数 [$t/(km^2 \cdot a)$]			
	实测值	模拟值	绝对误差	相对误差	实测值	模拟值	绝对误差	相对误差	实测值	模拟值	绝对误差	相对误差
1986	2 900	3 126	226	7.79%	438	404	-34	-7.76%	3 445	3 261	-184	-5.34%
1997	19 951	17 731	-2220	-11.13%	667	652	-15	-2.25%	5 245	4 890	-355	-6.77%
2006	1 480	1 300	-180	-12.16%	197	236	39	19.80%	1 535	1 904	369	24.04%
2013	1 786	1 559	-227	-12.71%	196	220	24	12.25%	1 330	1 767	437	32.86%

第7章 | 耤河示范区径流泥沙变化规律分析

将耤河示范区 2005 年汛期 5 月、6 月、7 月、8 月、9 月各月雨量和降雨强度（图7-1）输入模型，其他下垫面条件不变，模拟汛期各月径流泥沙过程。

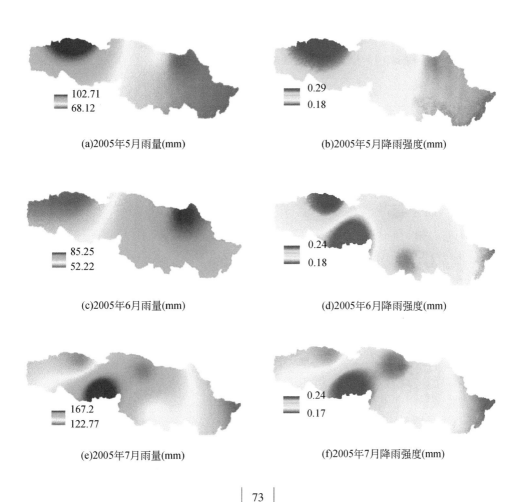

(a)2005年5月雨量(mm)

(b)2005年5月降雨强度(mm)

(c)2005年6月雨量(mm)

(d)2005年6月降雨强度(mm)

(e)2005年7月雨量(mm)

(f)2005年7月降雨强度(mm)

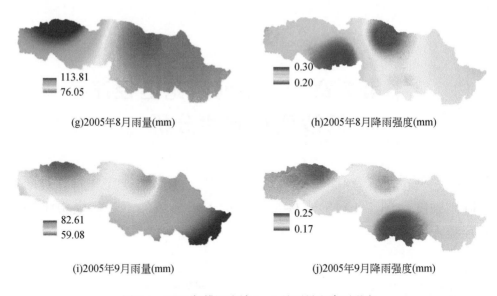

(g)2005年8月雨量(mm)

113.81
76.05

(h)2005年8月降雨强度(mm)

0.30
0.20

(i)2005年9月雨量(mm)

82.61
59.08

(j)2005年9月降雨强度(mm)

0.25
0.17

图 7-1　2005 年耤河流域 5~9 月雨量和降雨强度

7.1　降雨对径流泥沙变化的影响

耤河流域模拟输出的各月产流量和产沙量如图 7-2 所示。结果表明：①产流量与产沙量都随着雨量的增大而增大；②空间上，产流量与降雨强度的空间格局一致，产沙量的空间格局与雨量的空间格局更接近；③总体上，径流和泥沙来源分布在降雨强度大且雨量大的地方，但径流和泥沙来源表现并不一致，说明除降雨外，下垫面对泥沙来源的影响较大。

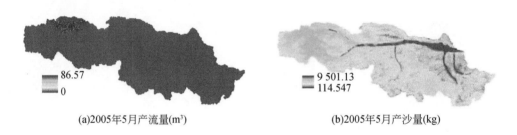

(a)2005年5月产流量(m³)

86.57
0

(b)2005年5月产沙量(kg)

9 501.13
114.547

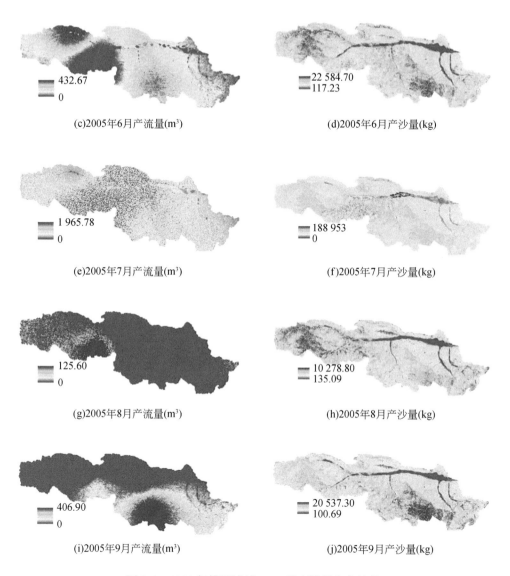

(c)2005年6月产流量(m³)

(d)2005年6月产沙量(kg)

(e)2005年7月产流量(m³)

(f)2005年7月产沙量(kg)

(g)2005年8月产流量(m³)

(h)2005年8月产沙量(kg)

(i)2005年9月产流量(m³)

(j)2005年9月产沙量(kg)

图 7-2　2005 年耤河流域 5～9 月产流量和产沙量

　　耤河流域径流量和输沙量如图 7-3 所示。结果表明：①径流量在空间分布上受雨量和降雨强度分布影响比对输沙量的影响较大，另外还受地形和下垫面影响；②径流量和输沙量在坡面上较小，沟谷较大，因沟谷的上方汇水面积较大，汇入的径流泥沙较多，流域出口处的值就是流域的径流量和输沙量；③在时间尺度上，各月径流量和输沙量与雨量关系密切，雨量越大，径流量和输沙量越大，流域 5 月径流量和输沙量最小，7 月径流量和输沙量最大。

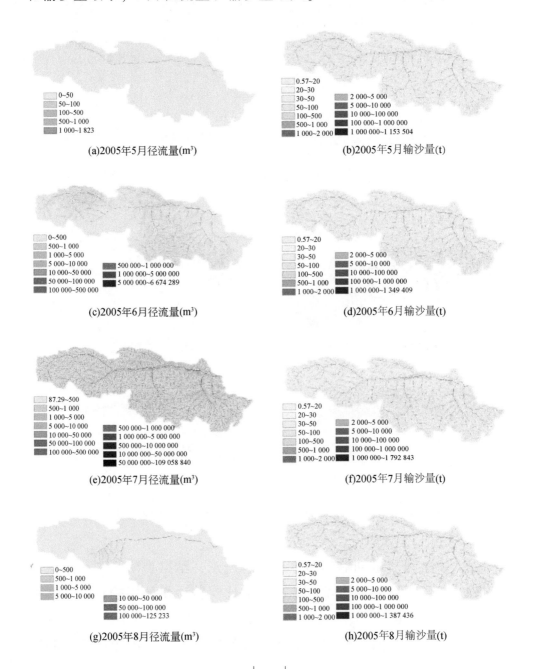

(a)2005年5月径流量(m³)

(b)2005年5月输沙量(t)

(c)2005年6月径流量(m³)

(d)2005年6月输沙量(t)

(e)2005年7月径流量(m³)

(f)2005年7月输沙量(t)

(g)2005年8月径流量(m³)

(h)2005年8月输沙量(t)

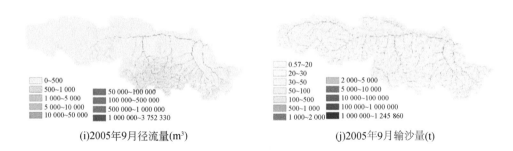

|(i)2005年9月径流量(m³)|(j)2005年9月输沙量(t)|

图 7-3　2005 年耤河流域 5～9 月径流量和输沙量

7.2 相同降雨不同土地利用/覆被
条件下径流泥沙的变化

7.2.1 耤河示范区 1997～2015 年土地利用变化

利用遥感影像，通过监督分类和人工目视解译结合的方法对耤河流域 1997 年、2001 年、2005 年、2010 年、2015 年 5 期的遥感影像进行解译，得到耤河流域 1997 年、2001 年、2005 年、2010 年、2015 年土地利用类型图（图 7-4）。

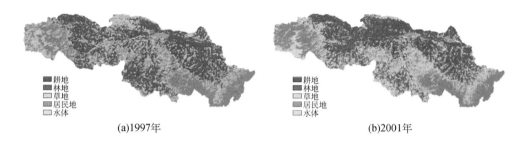

(a)1997年　　　　　　　　　　　　(b)2001年

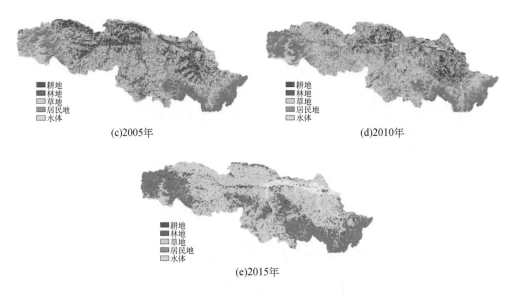

图 7-4　耤河流域典型年份土地利用类型

　　由表 7-1 可以看出，耤河流域主要土地利用类型为耕地、林地、草地，占流域总面积的 93% 以上，其中 1997～2015 年，耕地面积占流域面积比例大幅度减小，减小幅度为 70.81%；林地面积呈波动上升趋势，2010 年林地面积占流域面积最大，为 38.34%，从 1997 年到 2015 年林地面积增加 21.66%；草地面积占流域面积比例不断增大，从 1997 年到 2015 年草地面积增长幅度为 61.31%。三种主要土地利用类型变化幅度大小为：耕地>草地>林地。

　　不同时期内土地利用类型转移矩阵如表 7-2～表 7-5 所示，由此可以看出，1997～2001 年、2001～2005 年、2005～2010 年、2010～2015 年，耕地转出率分别为 33.42%、49.75%、68.71%、87.65%，耕地转移率逐渐增大，且增长幅度较大；林地转出率分别为 24.05%、27.07%、30.02%、40.52%，林地转移率缓慢增长；草地转出率分别为 52.98%、46.07%、50.89%、42.86%，草地转移率呈现波动下降趋势。三种主要土地利用类型转出率大小排序为：耕地>草地>林地。耕地向林地的转化率分别为 3.63%、6.43%、22.92%、6.21%，耕地向草地的转化率分别为 27.87%、41.51%、41.97%、71.18%，表明耕地向草地转移的面积大于向林地转移的面积。

表 7-1 耤河流域各土地利用类型面积及占流域总面积的比例

年份	耕地		林地		草地		居民地		水体	
	面积（km²）	比例（%）	面积（km²）	比例（%）	面积（km²）	比例（%）	面积（km²）	比例（%）	面积（km²）	比例（%）
1997	759.89	41.38	496.11	27.01	542.51	29.54	29.35	1.6	8.58	0.47
2001	727.84	39.63	497.24	27.08	567.08	30.88	29.34	1.6	14.95	0.81
2005	535.43	29.23	529.64	28.91	723.08	39.47	21.68	1.18	22.11	1.21
2010	350.09	19.12	701.78	38.34	723.43	39.52	40.6	2.22	14.66	0.8
2015	221.81	12.2	597.27	32.86	875.14	48.14	1.6	0.09	121.97	6.71

表 7-2 1997～2001 年土地利用转移矩阵

土地利用转移矩阵（%）		2001 年				
		耕地	林地	草地	居民地	水体
1997 年	耕地	66.58	3.63	27.87	0.92	0.99
	林地	4.24	75.95	19.74	0.05	0.03
	草地	35.48	17.00	47.02	0.29	0.21
	居民地	19.47	0.84	4.77	69.18	5.73
	水体	36.54	0.72	7.57	2.96	52.21

表 7-3 2001～2005 年土地利用转移矩阵

土地利用转移矩阵（%）		2005 年				
		耕地	林地	草地	居民地	水体
2001 年	耕地	50.25	6.43	41.51	0.59	1.22
	林地	4.24	72.93	22.63	0.05	0.15
	草地	24.04	21.36	53.93	0.18	0.49
	居民地	27.56	0.90	8.82	47.53	15.19
	水体	36.84	2.07	10.82	14.89	35.37

表 7-4 2005～2010 年土地利用转移矩阵

土地利用		2010 年				
转移矩阵（%）		耕地	林地	草地	居民地	水体
2005 年	耕地	31.29	22.92	41.97	2.64	1.17
	林地	4.83	68.98	26.06	0.06	0.07
	草地	20.57	29.33	49.11	0.66	0.33
	居民地	11.81	2.75	9.65	67.64	8.15
	水体	26.63	7.25	18.29	30.40	17.43

表 7-5 2010～2015 年土地利用转移矩阵

土地利用		2015 年				
转移矩阵（%）		耕地	林地	草地	居民地	水体
2010 年	耕地	21.35	6.21	71.18	0.09	10.18
	林地	8.97	59.48	29.71	0.00	1.84
	草地	15.95	22.42	57.14	0.01	4.48
	居民地	2.59	0.65	15.03	1.18	80.55
	水体	5.48	2.93	26.31	4.75	60.53

结果表明，1997～2015 年耕地面积逐年减少，且减小幅度大，林地和草地面积逐年增加，且草地面积增加比例大于林地面积增加比例；耕地转出率逐年大幅度增加，是各土地利用类型中最不稳定的类型。耕地面积主要向林地和草地转移，且向草地转移的面积大于向林地转移的面积。主要原因是退耕还林还草政策的推动，导致大量耕地向草地和林地转移，由于草地形成周期短，易于成活，工程量小，能够在实行退耕还林（草）工程后，实现耕地向草地的快速转移。

7.2.2 相同降雨不同植被条件下径流泥沙的变化分析

为了便于分析相同降雨不同植被条件下径流泥沙的变化，模型输入的降雨数据统一采用 2005 年 7 月雨量，模型输入的其他数据，如土地利用数据、叶面积指数等均采用 1997 年、2001 年、2005 年、2010

年和 2015 年 7 月实际数据，利用模型模拟 1997 年、2001 年、2005 年、2010 年、2015 年典型月产流产沙过程，得到各年份 7 月的径流量和输沙量等。

输出的径流量和输沙量结果如图 7-5 所示。模拟各年份 7 月径流量分别为 20 804 410m³、20 695 092m³、14 528 787m³、12 715 814m³、11 266 142m³，输沙量分别为 2 389 753.5t、2 372 643.25t、2 016 990.375t、2 000 886.875t、1 750 394.5t，2015 年月径流量相比于 1997 年月径流量减少 45.85%；月输沙量最小年份为 2015 年，月输沙量最大年份为 1997 年，2015 年月输沙量相比于 1997 年月输沙量减少 26.75%。

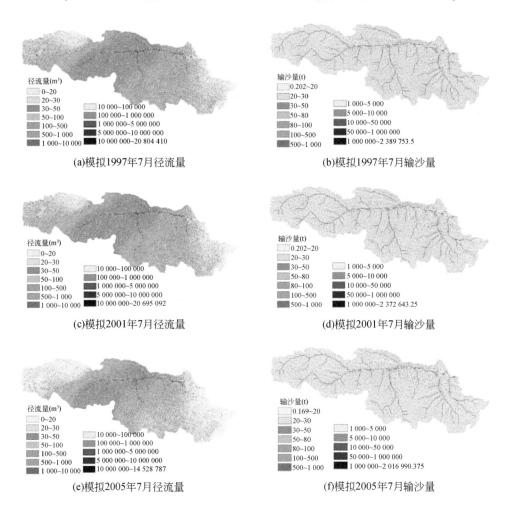

(a)模拟1997年7月径流量　　　　　　(b)模拟1997年7月输沙量

(c)模拟2001年7月径流量　　　　　　(d)模拟2001年7月输沙量

(e)模拟2005年7月径流量　　　　　　(f)模拟2005年7月输沙量

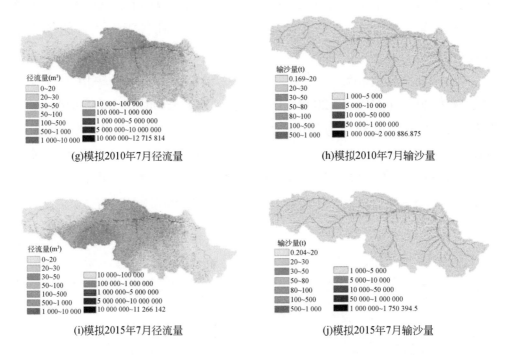

(g)模拟2010年7月径流量　　　　　　　　(h)模拟2010年7月输沙量

(i)模拟2015年7月径流量　　　　　　　　(j)模拟2015年7月输沙量

图 7-5　模拟典型年份月径流量和输沙量

　　耤河流域 1997～2015 年模型模拟的径流量、输沙量变化趋势如图 7-6所示，1997～2015 年输沙量、径流量波动趋势一致，整体呈波动下降。1997～2001 年，径流量和输沙量基本保持平稳，没有明显下降，从 2001 年开始，径流量、输沙量明显下降，其中 2001～2005 年径流量与输沙量的下降最为明显。2005～2010 年，径流量明显下降，输沙量基本保持平稳，径流量与输沙量具有明显的不同步性。

7.2.3　耤河流域土地利用变化对径流泥沙的影响

　　在 1997～2001 年，耤河生态示范区项目和退耕还林（还草）工程的初步实施，流域内耕地面积减少，林地草地面积增加。水土流失治理工程处于初期阶段，虽然能够起到一定的减水减沙的作用，但效果

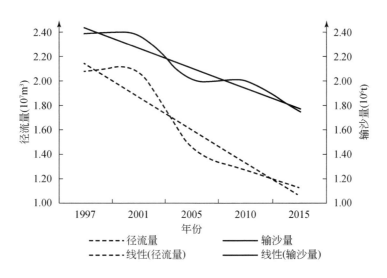

图 7-6　1997～2015 年耤河流域模型模拟月径流量、输沙量变化趋势图

甚微，因此该时段内输沙量、径流量下降幅度最小；在 2001～2005 年，耕地面积开始大幅度减少，草地、林地面积大幅度增加，耤河流域生态环境恢复，林地和草地面积的增加，对侵蚀性泥沙具有很强的拦蓄作用。同时，林地和草地面积的增加，使流域内土壤更加具有通透性，因此径流量、输沙量开始大幅度减少，反映出退耕还林（还草）措施减水减沙效果明显；在 2005～2010 年，耕地向林地转移率最大为 22.92%，因此林地面积明显增长，但是，由于植树造林造成地表土壤发生剧烈的扰动，土质疏松。因此，该时期内模拟的月输沙量没有明显减小，而径流减小明显；在 2010～2015 年，随着经济的发展，农业人口的转移，大量耕地向草地转移，流域生态环境得到根本性恢复，径流量、输沙量仍继续下降。

7.2.4　相同降雨条件不同植被作用下的产流系数分析

利用模型模拟 1997 年、2001 年、2005 年、2010 年、2015 年相同降雨条件（2005 年 7 月降雨）、相同土壤条件、不同植被条件下的径流泥沙过程，计算出径流系数（图7-7）。

图7-7　典型年份7月产流系数

（1）径流系数与土地利用的关系

由图7-7可知，1997年、2001年、2005年、2010年、2015年相同降雨条件下，7月产流系数均值分别为0.08、0.077、0.053、0.046和0.041，逐渐减少，与径流量的变化一致，究其原因是因为1997～2015年，耕地面积大幅度减小，林地和草地面积增加，增加了土壤入渗，径流减少，因此径流系数减小。

（2）径流系数与叶面积指数、植被盖度的关系

基于1997年、2001年、2005年、2010年、2015年5期遥感影像，利用ERDAS里面的植被指数计算提取NDVI，结合土地利用图，

并在 ArcMap 下利用式（2-2）~式（2-5）进行地图代数计算得到叶面积指数，如图 7-8 为 1997 年、2001 年、2005 年、2010 年、2015 年 7月的叶面积指数。再利用式（4-3）计算计算出植被盖度（图 7-9）。

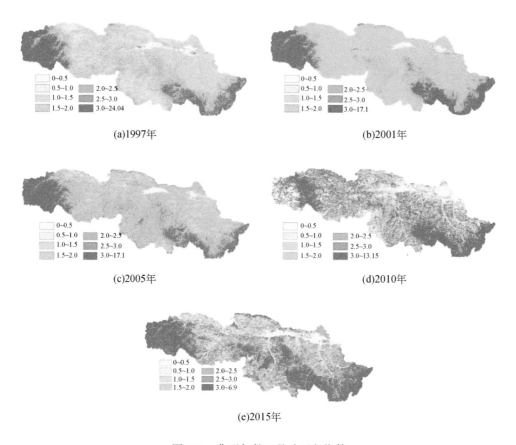

图 7-8　典型年份 7 月叶面积指数

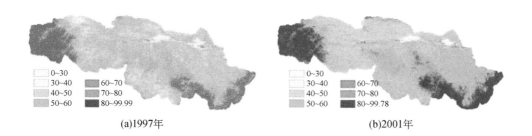

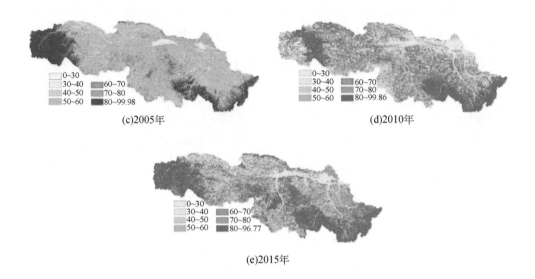

(c)2005年   (d)2010年

(e)2015年

图7-9　典型年份植被盖度（%）

1997～2015 年 7 月植被盖度（图 7-9）的均值分别为 57.13%、60.55%、62.78%、53.92% 和 62%。分析径流系数与植被盖度和叶面积指数的关系（图 7-10，图 7-11）可以看出，总体上，随着植被盖度的增加径流系数呈减少趋势，$R^2 = 0.746$。主要是因为植被盖度的增加使得植被冠层截留降雨的能力增加、植被根系增加入渗削减了径流，从而使径流系数减少。同时，随着叶面积指数的增加径流系数减少，且呈明显的负相关关系，$R^2 = 0.955$，也进一步说明径流系数与叶面积指数相关性较大。

总之，耤河流域是全国第一个（1998 年）实施大型水土保持生态建设示范工程"黄河水土保持生态工程耤河示范区"项目的流域，2007 年又开始实施"天水耤河重点支流治理项目（二期）水土保持监测体系建设"项目，加上实施"退耕还林（草）"工程，流域水土流失治理成效显著，土地利用/覆被状况发生深刻的变化。不仅改善了耤河流域的土地利用方式，同时也提高了叶面积指数和植被覆盖度，通过植被冠层、根系及枯落物拦蓄地表径流，改善了地表径流和地下水的再分配过程，降低了径流系数。归根到底，土地利用方式变化是减少径流系数的主要原因。

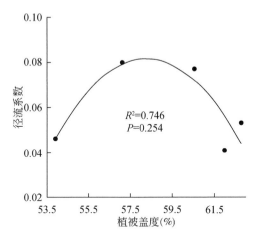

图 7-10　径流系数与植被盖度的关系

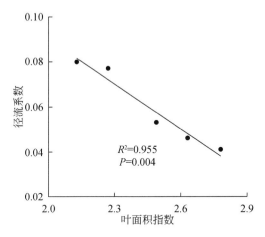

图 7-11　径流系数与叶面积指数的关系

第8章 延河流域径流泥沙变化规律及对土地利用变化的响应

8.1 研究区概况

8.1.1 地理地貌特征

延河发源于陕西省靖边县天赐湾乡周山，是黄河中游河口镇-龙门区间一条一级支流，是陕北第二大河，位于黄河流域中游陕西省北部，流域总面积7725km²，全长286.9km（图8-1）。延河从西北向东南依次流经安塞、延安、延长等县（市），在延长县南河沟乡流入黄河。从行政划分上来看，主要包括靖边、志丹、安塞、延安、延长5个县（市）。

从地貌特征来看，延河流域属于典型的黄土丘陵沟壑区，流域内丘陵沟壑区占流域总面积的94%以上，具有西北高、东南低的特征，流域海拔为482~1789m，平均海拔1218m，平均坡度为17°，河床平均纵比降为3.26‰。流域上中下游分别属于梁峁丘陵沟壑区、峁状丘陵沟壑区、破碎塬区。上游主要特征是梁多峁少、河床比降大、侵蚀活动强烈；中游主要特征是梁窄而短、峁小而圆、侵蚀强度小于上游；下游主要特征是塬面较小、冲沟发育活跃、侵蚀状况比上中游小。

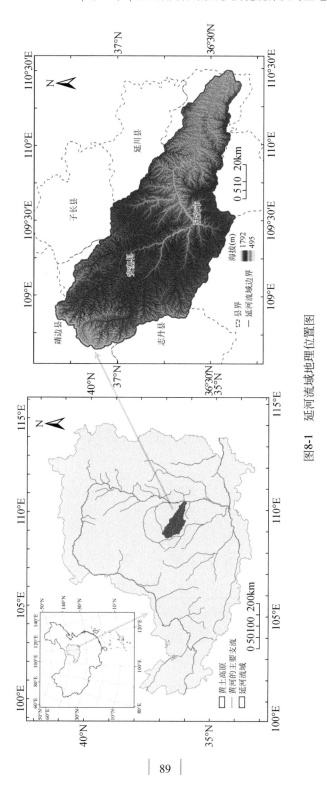

图8-1　延河流域地理位置图

8.1.2　气象水文

延河流域属于大陆性季风气候，处于半湿润与半干旱气候过渡地带。流域四季特征明显：春季干旱多风，寒流大风交替出现，气温升温快且多变；夏季受地形影响，多有强度大、历时短、来势猛的阵雨和雷雨；秋季气温下降迅速，多降雨；冬季降水稀少且寒冷干燥。流域多年平均降水量508.80mm，降水量由上游到下游递减，降水年际变化较大，且年内分布不均匀，约70%以上降水集中于6~9月。多年平均径流量（甘谷驿水文控制站）为1.99亿m³，多年输沙量（甘谷驿水文控制站）为0.39亿t。流域多年平均日照时数为2450h，多年平均气温为8.8~10.2℃，无霜期157~187d，多平年均蒸发量约为1000mm。延河长度在2~10km的小支沟155条，其中左岸有93条，右岸有62条，0.5km以下的支毛沟共达7706条。长度在10km以上、流域面积在100km²以上的河流共22条。延河水系结构呈树枝状，主要支流有杏子河、平桥川、西川河、南川河、蟠龙川等，特别在中上游明显，河网密度为3.4km/km²，较大支流均分布在此段。下游支流短小，呈羽状水系分布。

8.1.3　土壤植被

流域内的主要土壤类型是黄绵土。黄土母质上发育的黄绵土，颗粒组成以粉粒为主，由于土质疏松抗冲抗蚀能力差，因此极易被分散和搬运，黄绵土是流域主要用于耕作的土壤。其次是红胶土，该种土壤质地黏重，紧实难耕，通透性差，土壤养分含量低，主要分布在塌地和沟坡的上部。再次是由坡积、洪积和河流淤积物上发育而成的淤土，主要分布在中下游的河谷、沟道、川台地和坝淤地，土壤有机质含量高，是流域内水肥条件最好的土壤。另外还有黑垆土，该种土壤是发育于黄土母质上的地带性土壤，多分布在梁峁顶、河源地和宽大的残塬，具有深厚的有机质层，土壤养分含量较高，土体结构和耕作性好。最后是粗骨土，主要分布在边缘山丘地区。这种土壤具有结构性差、砾石含量高的特点，因此养分缺乏。

延河流域属森林草原植被过渡带，从南向北依次为森林区、森林草原区和草原区。该区植物资源较丰富。植被类型主要由作物、生态林、经济林、一般林地和草地组成。由于人口增长和长期不合理的开发，流域内天然林较少，灌木林少量，因此天然植被主要以天然次生林和草灌为主。天然次生林主要树种有辽东栎、山杨、白桦、油松、侧柏等，主要分布在流域中下游宝塔区、延长县南部。灌木林主要为酸刺、柠条、紫穗槐等。

8.1.4 水土流失及水土保持

延河流域位于黄河中游河口镇至龙门区间，是黄河泥沙主要来源之一。流域水土流失现象严重，水土流失面积占流域总面积的90%以上，主要以水力侵蚀为主，同时根据季节不同，伴有少量风力侵蚀、重力侵蚀和冻融侵蚀。春季主要以冻融侵蚀和重力侵蚀为主，夏秋两季主要是水力侵蚀和重力侵蚀，冬季主要以风力侵蚀为主。在实际情况中，受多种因素的影响，流域侵蚀过程往往是多种侵蚀形式交织进行。

为防治延河流域水土流失，保证生态环境的健康稳定发展。早在20世纪50年代，延河流域已经开始水土流失治理工作。1988年，世界粮食计划署在延河流域支流杏子河实施流域综合治理工程。1994年，延河流域成为世界银行贷款进行的水土保持综合治理流域。1997年，延河流域开始实施山川秀美工程，1999年，开始实施全面退耕还林还草工程。延河流域水土保持措施累计治理面积主要在20世纪60年代和90年代发生了两次重大变化，一是流域水土流失治理面积占流域总面积的比例由1959年的0.9%上升到1969年的3.9%，二是随着退耕还林还草工程的推进，流域水土保持措施治理面积在1996年、

2005 年分别为 1677.34km^2 和 3350.60km^2（表 8-1）。2005 年 8 月，随着习近平总书记"绿水青山就是金山银山"这一科学论断的提出，延河流域水土保持力度进一步加大，流域生态环境得到极大改善。

表 8-1　1959～2005 年延河流域水土保持措施面积及比例

年份	梯田 面积（km^2）	淤地坝 面积（km^2）	造林 面积（km^2）	种草 面积（km^2）	总面积 （km^2）	总比例 （%）
1959	4.13	4.62	41.33	0.33	50.41	0.9
1969	47.2	15.83	161.27	3.73	228.03	3.9
1979	97.53	28.73	286.93	17.47	430.66	7.3
1989	174.33	37.80	840.73	145.20	1198.06	20.3
1996	275.60	41.67	1100.20	259.87	1677.34	28.5
2000	219.60	38.10	1637.50	184.40	2577.40	35.3
2005	286.50	49.50	2128.80	234.50	3350.60	45.8

注：总比例是指流域水土保持措施治理总面积与流域水文站以上控制面积的比[128]。

8.2　延河流域土地利用变化及驱动力分析

8.2.1　土地利用类型

选取延河流域 1980 年、1990 年、1995 年、2000 年、2005 年、2010 年和 2015 年 7 个时期 Landsat3（MSS）、Landsat5（TM）、Landsat7（ETM+）和 Landsat8（OLI）的多光谱遥感影像，它们主要源于地理空间数据云（http：//www.gscloud.cn）的下载。在建立土地利用变化分类体系时，需要考虑遥感影像的可操作性和地物清晰度，根据全国土地利用分类标准[113]和延河流域的实际情况，结合前人的相关研究，考虑到裸地的变化较为微弱，因此主要划分为耕地、林地、草地、水域和城市用地 5 种主要土地利用类型（表 8-2）。

表 8-2　土地利用类型及其含义

土地利用类型	含义
耕地	指种植农作物的土地，包括熟地、新开发、复垦、整理地、休闲地；以种植农作物（含蔬菜）为主，间有零星果树、桑树或其他树木的土地；已垦滩地和海涂；临时种植药材、草皮、花卉、苗木等的耕地，以及其他临时改变用途的耕地等
林地	指生长乔木、竹类、灌木的土地，沿海生长红树林的土地，铁路、公路、征地范围内的林木，以及河流、沟渠的护堤林
草地	指生长草本植物为主的土地
水域	指人工开挖或天然形成的坑塘常水位岸线所围成的水面
城市用地	指县、镇以外的工矿、交通等用地和其他建设用地

　　以 2015 年 Landsat8 影像预处理为例，选取波段 5、波段 4、波段 3 进行合成。首先，利用 ENVI 软件对遥感影像进行辐射定标、大气校正和几何校正。延河流域面积很大，需要下载至少三张相互重叠的遥感影像才能完全覆盖。其次，利用流域的矢量边界进行裁剪，使用无缝拼接工具将三幅影像拼接起来。最后，结合地形图、GoogleEarth 等工具和 SVM 监督分类方法进行目视判读解译。根据混淆矩阵可知，总体分类精度为 95.87%，Kappa 系数为 0.92，说明解译精度良好（图 8-2），最后获得了延河流域 7 个时段的土地利用类型图（图 8-3）。

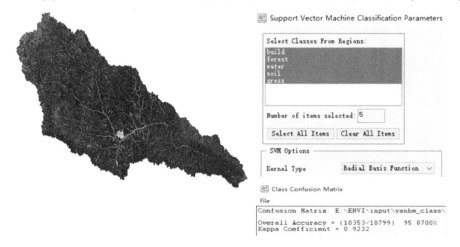

图 8-2　遥感影像处理与分类

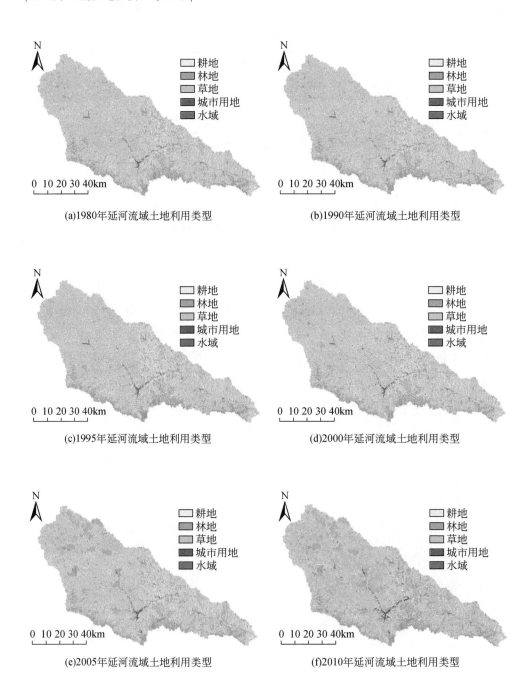

(a)1980年延河流域土地利用类型

(b)1990年延河流域土地利用类型

(c)1995年延河流域土地利用类型

(d)2000年延河流域土地利用类型

(e)2005年延河流域土地利用类型

(f)2010年延河流域土地利用类型

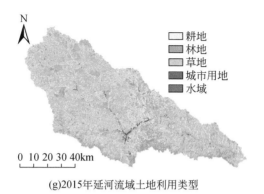

(g)2015年延河流域土地利用类型

图 8-3　1980～2015 年延河流域土地利用类型

8.2.2　分析方法

（1）土地利用转移矩阵

土地利用转移矩阵是马尔科夫模型在土地利用变化中的应用。马尔科夫模型不仅能定量显示不同土地利用类型之间的转换，而且能揭示不同土地利用类型之间的转移速率。转移矩阵是定量研究土地利用类型间相互转化的数量和方向特征的主要方法，它能具体反映土地利用变化的结构特征和不同类型间的转移方向。其数学表达式为

$$\mathbf{S}_{ij} = \begin{cases} S_{11} & S_{12} & S_{13} & \cdots & S_{1n} \\ S_{21} & S_{22} & S_{23} & \cdots & S_{2n} \\ S_{31} & S_{32} & S_{33} & \cdots & S_{3n} \\ \cdots & \cdots & \cdots & \cdots & \cdots \\ S_{n1} & S_{n2} & S_{n3} & \cdots & S_{nn} \end{cases} \qquad (8\text{-}1)$$

式中，S 为各土地利用类型变化面积；n 为土地利用的总类型；i 和 j 是研究开始和结束时的土地利用类型。

（2）土地利用动态度

1）单一土地利用类型动态度：指某一研究区域内某一土地利用类

型在一定时期内的数量变化，通常用百分比表示，其表达式为

$$K_T = \frac{U_b - U_a}{U_a} \times 100\%$$ (8-2)

式中，K_T 为某一土地利用类型的动态度；U_a 和 U_b 是研究开始和结束时某一土地利用类型的面积。

2）综合土地利用类型动态度：它反映了研究区土地总体活动的程度，指每种土地利用类型变化总面积的百分比，其表达式为

$$LC_T = \left(\frac{\sum\limits_{i=1}^{n} \Delta LU_{ij}}{\sum\limits_{i=1}^{n} LU_i} \right) \times 100\%$$ (8-3)

式中，LC_T 为综合土地利用类型动态度；ΔLU_{ij} 是为研究期内 i 种土地利用类型转化为非 j（j, $\cdots$, n）土地类型的面积；LU_i 是研究开始时的第 i 类用地面积；n 是土地利用的总类型。

8.2.3　土地利用变化总体特征

根据 7 个时段土地利用类型图，以 2000 年初步实施退耕还林（草）政策为基础，利用 ArcGIS 10.2 软件分别得到延河流域 1980～2000 年和 2000～2015 年土地利用变化图（图8-4 和图8-5）和土地利用变化总面积（表8-3）。

表 8-3　延河流域 1980～2015 年土地利用变化统计

土地利用类型	1980 年		2000 年		2015 年	
	面积（km²）	比例（%）	面积（km²）	比例（%）	面积（km²）	比例（%）
耕地	3292.12	43.08	3289.13	43.04	2425.95	31.74
林地	826.78	10.81	857.77	11.22	1127.50	14.75
草地	3473.13	45.45	3443.63	45.06	4016.95	52.56
水域	27.15	0.36	25.08	0.33	25.01	0.33
城市用地	23.16	0.30	26.73	0.35	46.93	0.62

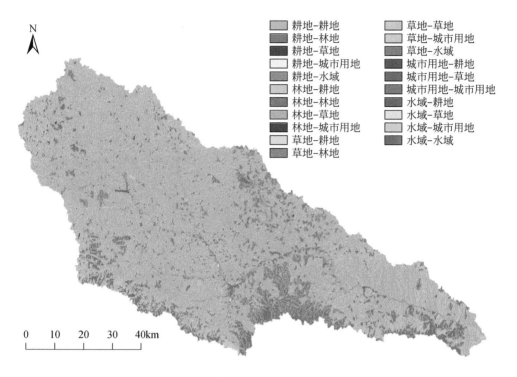

耕地-耕地	草地-草地
耕地-林地	草地-城市用地
耕地-草地	草地-水域
耕地-城市用地	城市用地-耕地
耕地-水域	城市用地-草地
林地-耕地	城市用地-城市用地
林地-林地	水域-耕地
林地-草地	水域-草地
林地-城市用地	水域-城市用地
草地-耕地	水域-水域
草地-林地	

图 8-4 延河流域 1980～2000 年土地利用变化

　　从表 8-3 和图 8-4、图 8-5 中可以看出，延河流域 1980～2000 年土地利用类型总体变化幅度很小，林地和草地是面积变化最大的土地类型，耕地、水域和城市用地面积变化不大。面积增加的土地利用类型分别为林地和城市用地，面积减少的分别为草地、耕地和水域。延河流域林地面积从 1980 年的 826.78km² 增加到 2000 年的 857.77km²，增加了 30.99km²，总面积占比从 10.81% 增加到 11.22%，增幅最大，为0.4%。草地面积由 1980 年的 3473.13km² 减少到 2000 年的 3443.63km²，减少了 29.50km²，总面积占比由 45.45% 下降至 45.06%，降幅最大，为0.39%。2000～2015 年延河流域耕地面积变化最大，其次为林地和草地，水域面积变化最小。面积增加的土地利用类型为林地、草地和城市用地，面积减少的土地利用类型分别为耕地和水域。耕地面积从2000 年的 3289.13km² 减少到 2015 年的 2425.95km²，减少了 863.18km²，

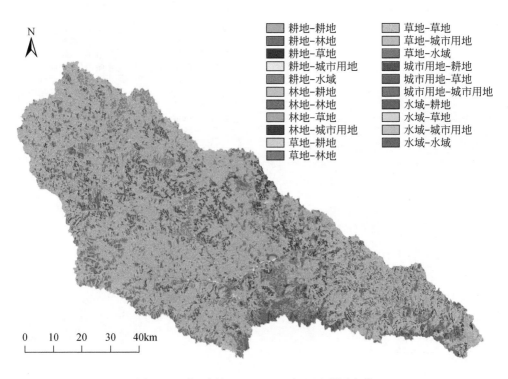

N

0 10 20 30 40km

图 8-5　延河流域 2000～2015 年土地利用变化

图例：
- 耕地-耕地
- 耕地-林地
- 耕地-草地
- 耕地-城市用地
- 耕地-水域
- 林地-耕地
- 林地-林地
- 林地-草地
- 林地-城市用地
- 草地-耕地
- 草地-林地
- 草地-草地
- 草地-城市用地
- 草地-水域
- 城市用地-耕地
- 城市用地-草地
- 城市用地-城市用地
- 水域-耕地
- 水域-草地
- 水域-城市用地
- 水域-水域

总面积占比由 43.04% 下降至 31.74%，面积减少了 11.3%，降幅最大。草地面积从 2000 年的 3443.63km² 增加到 2015 年的 4016.95km²，增加了 573.32km²，总面积占比从 45.06% 增加到 52.56%，面积增加了 7.5%，增幅最大。林地面积由 2000 年的 857.77km² 增加到 2015 年的 1127.50km²，增加了 269.73km²，总面积占比从 11.22% 增加到 14.75%，面积增加了 3.53%，增幅明显。城市用地面积从 2000 年的 26.73km² 增加到 2015 年的 46.93km²，增加了 20.2km²，总面积占比从 0.35% 增加到 0.62%，面积增加了 0.26%，增幅较为明显。

8.2.4　1980～2015 年土地利用转移分析

为了探索延河流域土地利用类型的内部结构特征，利用 ArcGIS 10.2

的叠加分析生成四个不同时期的土地利用转移矩阵，以分析 1980 ~ 2015 年不同土地利用类型的转入和转出情况。

由表 8-4 可知，在 1980 ~ 1990 年，三种主要土地利用类型中草地的转换面积为 144.94km²，转换率为 4.17%，其中 3.94% 转换为耕地，0.2% 转换为林地。耕地转换面积为 158km²，转换率为 4.8%，其中 4.17% 转换为草地，0.58% 转换为林地。林地转化面积为 28.33km²，转化率为 3.42%，其中 0.9% 转化为草地，2.5% 转化为耕地。在此期间，延河流域所有土地利用类型变化均不显著。

表 8-4　延河流域 1980 ~ 1990 年土地利用转移矩阵　（单位：km²）

土地利用类型		1980 年				
		草地	城市用地	耕地	林地	水域
1990 年	草地	3328.18	0.48	137.21	7.45	0.80
	城市用地	0.41	21.95	0.70	0.08	0.05
	耕地	136.84	0.60	3134.09	20.67	1.08
	林地	6.96	0.08	19.17	798.40	0.13
	水域	0.73	0.06	0.92	0.13	25.09

根据表 8-5 可以看出，在 1990 ~ 2000 年，草地转化面积为 175.65km²，转化率为 5.33%，其中 4.21% 转化为耕地，1.07% 转化为林地。耕地转化面积为 165.35km²，转化率为 5.29%，其中 4.35% 转化为草地，0.81% 转化为林地。林地转化面积为 27.57km²，转化率为 3.46%，其中 2.48% 转化为耕地，0.92% 转化为草地。延河流域所有土地利用类型在此期间变化不明显，土地利用类型主要由草地向林地转变，这与 20 世纪末延河流域各项水土保持措施的实施有关，政府对该地脆弱生态环境的综合治理取得了一定的成效。

表 8-5 延河流域 1990~2000 年土地利用转移矩阵   （单位：km²）

土地利用类型		1990 年				
		草地	城市用地	耕地	林地	水域
2000 年	草地	3298.48	0.40	136.01	7.34	1.38
	城市用地	0.68	22.22	3.42	0.34	0.07
	耕地	138.86	0.45	3127.93	19.75	2.12
	林地	35.22	0.07	25.13	797.17	0.13
	水域	0.89	0.05	0.79	0.13	23.22

从表 8-6 可以看出，在 2000~2010 年，草地转化面积为 88.47km²，转化率为 2.64%，其中 1.47% 转化为耕地，1.01% 转化为林地。耕地转化面积为 921.12km²，转化率为 38.90%，其中 27.64% 转化为草地，10.57% 转化为林地。林地转化面积为 13.81km²，转化率为 1.64%，其中 0.50% 转化为草地，1.03% 转化为耕地。城市用地转化面积为 0.81km²，转化率为 3.11%，其中 1.23% 转化为草地，1.68% 转化为耕地。水域转化面积为 2.78km²，转化率为 12.49%，其中 2.70% 转化为草地，8.56% 转化为耕地。这一时期延河流域耕地面积显著减少，大部分转为草地和林地，这主要与 1999 年以来大力实施退耕还林（草）生态恢复政策有关。此外，城市用地的面积与前一个阶段相比开始增加，部分草地和耕地转移成城市用地，这也表明延河流域居民点面积增速加快，城镇化水平进一步提高，流域生态环境经过综合治理取得了明显效果，这主要是由于退耕还林（草）生态政策的大力推进以及水土保持措施的实行，如 2002 年延河流域世界银行贷款二期项目。

由表 8-7 可知，在 2010~2015 年，草地转化面积为 37.14km²，转化率为 0.93%，其中 0.76% 转化为耕地，0.16% 转化为林地。耕地转化面积为 37.88km²，转化率为 1.56%，其中 1.3% 转化为草地，0.21% 转化为林地。林地转化面积为 12.63km²，转化率为 1.12%，其中 0.66% 转化为草地，0.45% 转化为耕地。在此期间，延河流域所有

表 8-6　延河流域 2000~2010 年土地利用转移矩阵 （单位：km²）

土地利用类型		2000 年				
		草地	城市用地	耕地	林地	水域
2010 年	草地	3355.16	0.32	654.53	4.22	0.60
	城市用地	4.61	25.92	15.45	0.80	0.11
	耕地	49.12	0.43	2368.02	8.71	1.91
	林地	33.84	0.03	250.34	843.96	0.16
	水域	0.90	0.03	0.80	0.08	22.29

土地利用类型变化均不显著。但林地面积自 2000 年退耕还林政策实施以来首次出现下降，城市用地和水域面积略有增加，主要是由于 2012 年延安新区大规模开发建设，大量耕地、林地和草地被用于城镇化建设。

表 8-7　延河流域 2010~2015 年土地利用转移矩阵 （单位：km²）

土地利用类型		2010 年				
		草地	城市用地	耕地	林地	水域
2015 年	草地	3977.69	0.21	31.47	7.41	0.17
	城市用地	0.22	46.33	0.26	0.07	0.05
	耕地	30.14	0.27	2390.31	5.09	0.14
	林地	6.52	0.06	5.19	1115.70	0.03
	水域	0.26	0.02	0.96	0.05	23.72

综上所述，1980~2015 年延河流域耕地转换率大幅提高，表明耕地不断向其他土地利用类型转移。林地转化率变化不显著，说明林地不易向其他土地利用类型转移，林地增加主要来自耕地和草地。随着时间的不断推进，草地面积的转换率略有下降，说明草地向其他土地利用类型的转换率越来越慢。此外，从耕地向草地和林地的转换率来看，耕地向草地的转换率高于林地。

8.2.5　土地利用动态度

根据式（8-2）和式（8-3）可得延河流域 1980～2000 年和 2000～2015 年的土地利用动态度（表8-8，表8-9）。

表 8-8　1980～2000 年延河流域土地利用动态度（%）

项目	耕地	林地	草地	水域	城市用地	LC_T
K_T	-0.09	3.75	-0.85	-7.62	15.41	0.69
$K_T/20$	0.00	0.19	-0.04	-0.38	0.77	0.03

表 8-9　2000～2015 年延河流域土地利用动态度（%）

项目	耕地	林地	草地	水域	城市用地	LC_T
K_T	-26.24	31.45	16.65	-0.28	75.57	13.17
$K_T/15$	-1.75	2.10	1.11	-0.02	5.04	0.88

从表 8-8 和表 8-9 可以看出，1980～2000 年延河流域 0.69% 的土地利用发生了变化，年均增长率为 0.03%，总体变化不明显。土地利用动态度增加的土地类型为城市用地和林地，减少的土地类型分别为耕地、草地和水域，代表面积呈持续减少的趋势。城市用地动态度增加最为显著，达 15.41%，年均增幅为 0.77%。水域动态度下降最明显，达-7.62%，年平均降幅为 0.38%。耕地、林地和草地三种主要土地利用类型的动态度变化不显著，总体变化程度不大。

相反的是，在 2000～2015 年这 15 年间，13.17% 的土地利用类型发生了变化，平均年增长率为 0.88%，年平均增长率是前 20 年的近 30 倍，这表明延河流域的土地利用类型在这期间发生了显著改变。土地利用动态度递增由大到小的土地利用类型为城市用地、林地和草地，分别为 75.57%、31.45% 和 16.65%，年均增长率分别为 5.04%、2.10% 和 1.11%。土地利用动态度下降的土地利用类型为耕地和水体

（分别为-26.24% 和-0.28%），年均降幅分别为 1.75% 和 0.02%。结果表明：在这 15 年间，延河流域林地和草地面积大幅增加，居民用地和交通用地面积快速增加，耕地面积大幅减少。这与延安新区的大力建设和延河流域生态治理取得的显著成就密切相关。

8.2.6　土地利用变化驱动力

土地利用变化一般是指由自然因素和人文因素同时作用引起的下垫面变化。自然因素主要包括气候、土壤、地形等方面，人文因素主要包括人口变化、经济增长和国家政策等方面。一般来说，自然因素引起的土地利用变化在一定时期内较弱，而人文因素是土地利用变化的主要驱动力[129]。本小节从三个方面分析了延河流域土地利用变化的驱动力，即人口与城镇化、区域经济发展、生态恢复与政策治理，揭示了近 35 年来延河流域土地利用变化的原因，为今后流域土地资源综合管理提供依据。

人口是土地利用变化最直接的驱动力之一，人口增长不仅影响农产品需求的变化，进而影响土地利用空间格局，而且在一定程度上能够直接影响土地利用的变化[129]。在 1980 ~ 2015 年，延河流域人口持续快速增长，人们对居住用地的需求也不断增加，城市用地面积也显著增加。同时，由于城市周边地区的发展和流域内城市基础设施的建设，大量的耕地和林地资源被占用并转化为城市用地。此外，随着科学技术的发展，传统的农业生产已经不能满足人们日常生活的需要，耕地的逐渐减少也是顺其自然的。由此可见，人口的大量增加会导致城市用地的增加，也会导致耕地减少。

在这近 35 年间，延河流域经济发展迅速，自 2000 年以来，延河流域 GDP 总量增长了 10 多倍。经济的持续快速发展和人民生活质量的提高，加速了延河流域土地利用类型的变化。随着生活水平的提高，延河流域从事第一产业的人口持续减少。同时，随着延安石油工业和红色旅游产业的快速发展，第三产业在流域 GDP 中所占的比重逐渐增加。随着城市化的发展和产业结构的调整,大量基础设施建设需要占用流域的土地资源,这促进了延河流域土地利用类型的变化。

为了保证流域生态环境的健康稳定发展,从 1970 年开始我国制定相应的土地利用政策,致力于流域环境的生态恢复和治理。延河流域从 1978 年开始实施三北防护林体系建设等生态工程;1988 年,世界粮食计划署批准实施延河流域支流杏子河流域综合治理工程;1994 年,由世界银行贷款资助的延河流域治理项目诞生并实施;1998 年,实施天然林保护工程;1999 年底,全面实施退耕还林(草)工程。这些政策的实施使延河流域耕地急剧减少,林草地大量增加,土地利用类型由农业生产用地转变为生态恢复用地。而 2000 年以来,延河流域生态环境得到了显著改善。因此,生态恢复与治理政策的实施是延河流域 1980~2015 年土地利用变化的直接驱动力。

因此,延河流域 1980~2015 年土地利用变化的结果是耕地面积大幅度减少,向草地和林地转移,草地和林地面积大量增加,城市用地持续增加。该研究结果与前人在该流域的研究结果基本一致[130,131]。此外,延河流域耕地和林地面积自 2000 年以来开始发生显著变化。2000~2010 年,流域耕地面积持续减少,林地和草地面积显著增加,研究结果也与前人[132]基本一致,说明延河流域近十年来退耕还林(草)等生态政策取得了明显效果,植被覆盖度显著增加。2010~2015 年流域林地面积相对减少,耕地减少率也较前一时期显著下降,草地、水域和城市用地略有增加,主要与退耕还林(草)生态政策规模小、项目实施进度慢有关。

此外,驱动力分析是土地利用变化研究的重要组成部分,而在所有驱动力中,人文因素是最核心的驱动力。一些学者[132]探讨了2000~2010 年延河流域土地利用变化及驱动力,但是时间序列较短,在驱动力分析中只考虑了人口、政策和农业生产方式等因素,没有考虑社会经济发展因素。本小节结合 1980~2015 年长时期内延河流域的社会经济状况,结合国家政策进行分析可以看出,延河流域土地利用结构的调整与这近 35 年来社会经济的持续快速发展有着密切的关系。由于经济政策的支持和人们观念的转变，越来越多的人离开农村从事第二、第三产业，这也是延河流域土地利用类型变化的重要原因之一。

与此同时，本研究也存在着许多局限性。土地利用变化的定量研究涉及多光谱遥感影像的持续获取、解译和消除误差等技术问题；驱动力的定量分析还需要更详细、更实用的社会经济数据。这两者在实际工作中都十分重要，这些问题需要在未来的研究中进一步考虑。

8.3 延河流域径流泥沙时空变化分析

8.3.1 模型输入数据

模型的输入数据（表8-10）主要包括以下方面。①DEM。精确度为30m，主要用于确定空间单元与坡度计算。②降水量。收集整理1986年、1995年、2000年、2005年、2010年和2015年延河流域内安塞、甘谷驿等34个雨量站点的降雨摘录数据，利用IDW法插值生成的流域面降水量数据。③土地利用。通过TM遥感影像获取的流域土地利用类型图。④叶面积指数。通过TM遥感影像利用ENVI软件计算得到。⑤土壤黏结力。通过野外试验实测，利用GIS空间分析生成流域土壤黏结力面数据。⑥土壤稳渗速率。通过人工野外试验实测，利用GIS空间分析生成流域土壤稳渗速率面数据。⑦降雨历时。根据黄河流域水文资料提供的降雨历时摘录统计得到。⑧时间步长数。通过模型率定得到。

表 8-10 区域水土流失模型输入参数

参数名称	格式	单位	用途	生成方式
DEM	ESRI GRID	m	确定空间单元、计算坡度等	ANUDEM 生成
土地利用	ESRI GRID	无量纲	计算 LAI、曼宁系数	TM 影像解译
叶面积指数	ESRI GRID	m^2/m^2	计算植被截流量	NDVI 换算

续表

参数名称	格式	单位	用途	生成方式
土壤黏结力	ESRI GRID	kPa	计算产沙	插值生成
土壤稳渗速率	ESRI GRID	mm/min	计算净雨	插值生成
降水量	ESRI GRID	mm	计算降水强度	插值生成
由于降雨历时	数字输入	min	计算降水强度	气象资料统计
时间步长数	数字输入	无量纲	划分时段	率定得到

以一次月降雨事件（2005 年 7 月）为例，模型主要输入数据处理后的数据图层（图 8-6）如下所示。

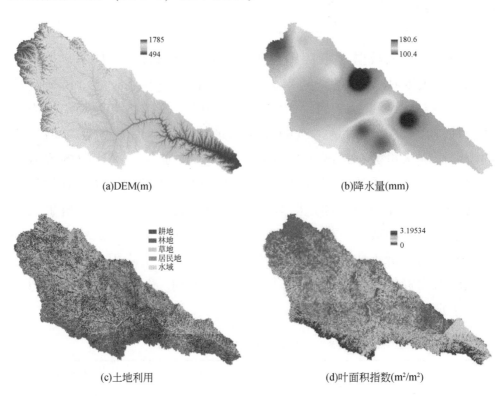

(a)DEM(m)

(b)降水量(mm)

(c)土地利用

(d)叶面积指数(m²/m²)

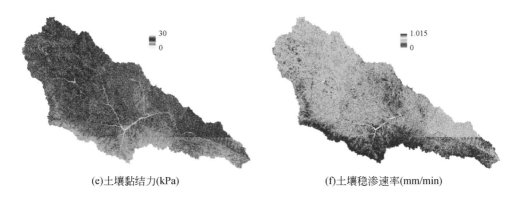

(e)土壤黏结力(kPa)　　　　　　　　　(f)土壤稳渗速率(mm/min)

图 8-6　区域水土流失模型输入参数的栅格数据图层

8.3.2　计算时空单元的率定

区域水土流失模型在空间尺度上以 DEM 栅格为基础，将研究区域划分为若干规则的栅格，作为模型运算的空间单元。在时间尺度上，区域水土流失模型以月降雨为一次降雨事件，将月降雨历时划分为若干时间段，即时间步长，以此作为模型运算的时间单元。以 2005 年 7 月为例，根据黄河流域水文资料提供的降雨历时摘录，以陕北流域侵蚀降雨雨量标准 9.9mm，整理得到延河 2005 年 7 月的降雨历时为 500min，率定了适用于延河流域最佳栅格尺寸为 75m，时间步长为 100min。

(1) 栅格尺寸的率定

DEM 数据是模型运行的基础数据，土地利用是影响流域产流产沙的重要因素。因此本书将 DEM 数据和土地利用数据重采样为 50m、75m、100m、150m、200m、300m 和 400m 的栅格，分析不同栅格尺寸对流域输入参数的影响，寻找最佳栅格尺寸。

由图 8-7 可以看出，延河流域 DEM 坡度呈坡度衰减现象，即 DEM 栅格尺寸逐渐增大，流域坡度逐渐减小。流域最大坡度最大为栅格尺寸为 50m，为 153.99%；流域最大坡度最小为栅格尺寸 400m，为

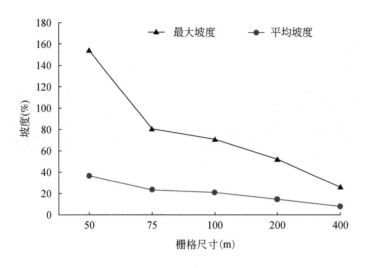

图 8-7　栅格尺寸对延河流域坡度的影响

14.75%。由此可见，由于流域 DEM 栅格尺寸不同，对流域坡度的提取影响极大。虽然流域最大坡度与平均坡度均随栅格尺寸的增大而减小，但流域坡度在栅格大小为 75m、100m 时呈较稳定状态。

由图 8-8 可以看出，流域土地利用数据图层的栅格尺寸在栅格大小为 50m、75m、100m 时，各土地利用类型占流域面积的比例基本一致，且与 2000 年、2010 年的土地利用类型变化趋势一致。当土地利用数据图层栅格尺寸为 200m、400m 时，流域林地面积减少，耕地面积增加，与流域实际土地利用存在一定差距。因此，结合栅格变化对流域坡度的影响可以看出，适用于延河流域的模型输入数据栅格尺寸为 75m 或 100m。延河流域面积较大，为方便模型运算，本书统一采用栅格大小为 100m 的数据输入模型进行模拟。

（2）计算时间步长数的率定

对降雨历时时间步长数的划分不仅会影响模型运行时间，更会影响模型结果的精度。为分析时间步长数对模型结果的影响，本书以延河流域 2005 年 7 月为例，由降雨历时摘录统计得到延河流域 2005 年 7 月的降雨总历时为 500min。在模型参数输入时，按照 1、2、5、10、

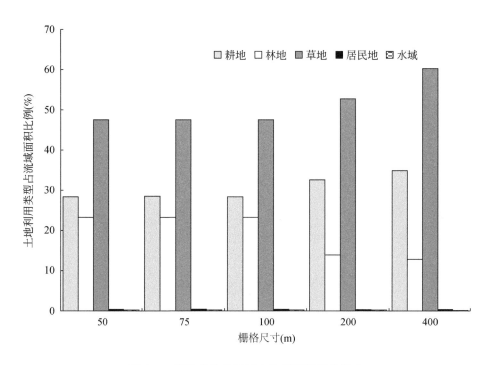

图 8-8 栅格变化对流域土地利用类型的影响

20 个时间步长数进行划分。基于栅格尺寸的变化分析，模型输入的降雨数据、DEM 数据、土地利用数据、叶面积指数数据，以及土壤黏结力数据均采用栅格大小为 75m 的栅格数据，分别模拟 1、2、5、10、20 个时间步长下模型径流量、输沙量等数据，通过分析延河流域的径流量、输沙量的变化，找到适合于延河流域的最佳时间单元，为延河流域典型年份水沙模拟打下基础。

通过模拟不同时段步长下流域水沙的变化（图 8-9）可以看出，流域径流量随时间段的增加逐渐减少，其中从降雨历时划分为 10 个步长开始，径流量开始发生突变，但在径流量的变化幅度上，径流量最大变化仅为 0.08%，表明时间步长的变化对延河流域径流量模拟结果影响较小。流域输沙量模拟结果与径流量趋势相反，输沙量随着时间步长的增加而增加，且当降雨历时划分为 20 个时间步长时，流域输沙量变化幅度高达 23.98%，表明降雨历时时间步长数的划分对流域输沙量的模拟结果影响较大。从模拟输沙量的变化曲线上来看，当降雨历时划分为 5 个时间步长时，流域模拟输沙量发生突变。

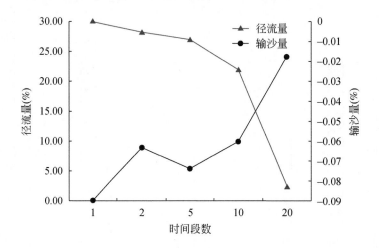

图 8-9　径流量、输沙量对时间段变化的响应

从模型运行时间与时间段变化的关系（图 8-10）可以看出，时间步长划分越多，模型运行时间越长，模型运行时间从划分 5 个时间步

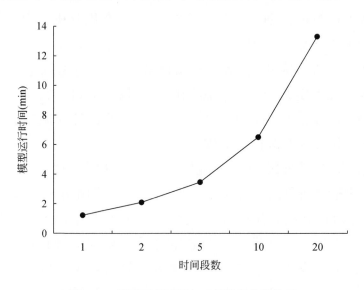

图 8-10　模型运行时间与时间段变化的关系

长开始突变。同时，将时间步长数为 5 的模拟水沙量与流域把口站甘谷驿站的实际输沙量对比，延河流域模拟输沙量误差率在 25% 以内，认为是合理误差。因此，考虑到模型运行的效率和准确率，在延河流域典型年份水沙模拟时，选用将降雨历时划分为 5 个时间步长。

8.3.3 径流量、输沙量的空间分布特征分析

选取延河流域典型年份 1985 年、1995 年、2000 年、2005 年、2010 年和 2015 年，将月降雨过程分时段进行模拟计算，模拟得到各月降雨径流和侵蚀产沙过程，得到各月径流量、输沙量、输沙模数等图层，再分别将各月图层叠加得到各典型年份的年径流量、输沙量、输沙模数等图层。

从模型输出的径流量数据图层（图 8-11）可以看出，在空间分布上，延河流域径流量整体表现为沟谷径流量大，坡面径流量小。由于流域径流量为从坡面流向沟谷，从上游流向下游，下游汇水面积逐渐增加，流域径流总量也逐渐增加。因此，径流量的空间分布与延河流域的沟谷走向一致，在坡面比较小，而在较陡的坡面和沟谷比较大，图层中的最大值为流域出口位置，即为流域径流总量。从 1985～2015 年延河流域径流量的空间变化上可以看出，1985 年～2005 年，延河流域坡面径流量分布差异明显；2010～2015 年，延河流域径流量空间格局表现趋于一致。

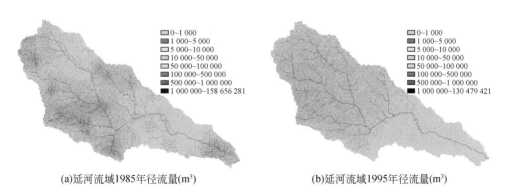

(a)延河流域1985年径流量(m³)   (b)延河流域1995年径流量(m³)

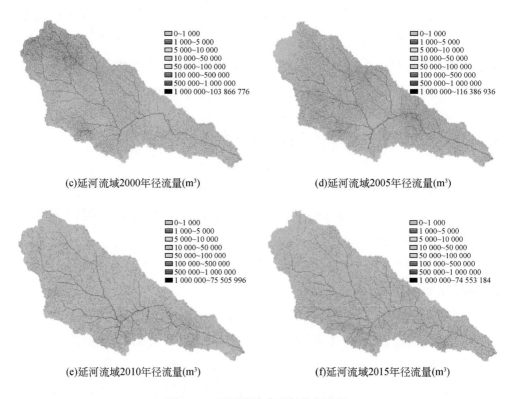

(c)延河流域2000年径流量(m³)　　　　(d)延河流域2005年径流量(m³)

(e)延河流域2010年径流量(m³)　　　　(f)延河流域2015年径流量(m³)

图 8-11　延河流域典型年份径流量

从模型输出的输沙量数据图层（图 8-12）可以看出，在空间分布上，延河流域泥沙量整体表现为沟谷输沙量大，坡面输沙量小。在坡面上的泥沙受降雨影响主要起到剥蚀–搬运的作用，而在河道、支流沟道周围则是流域泥沙的主要汇集区。因此，延河流域输沙量的空间分布与河道、支道、沟谷的空间分布一致；同时，流域地形对流域泥沙的输移具有重要影响。模型输出的流域出口的输沙量（最大值）则为延河流域输沙总量。从 1985～2015 年延河流域输沙量的空间变化上可以看出，延河流域 1985～2015 年坡面径流量差异性逐渐减弱，2010 年以后流域坡面输沙量的减少明显，流域输沙总量明显减少，主要与土地利用的变化有关。

因此，延河流域径流量与输沙量的空间分布特点一致，都具有河

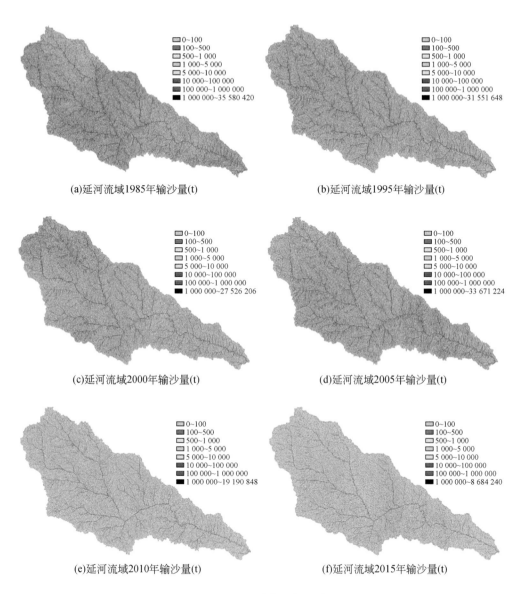

(a)延河流域1985年输沙量(t)　　　　　　　(b)延河流域1995年输沙量(t)

(c)延河流域2000年输沙量(t)　　　　　　　(d)延河流域2005年输沙量(t)

(e)延河流域2010年输沙量(t)　　　　　　　(f)延河流域2015年输沙量(t)

图 8-12　延河流域典型年份输沙量

道、沟谷大，坡面小的特点，流域的上游、坡面区域是流域产水产沙的主要来源区，河道下游、沟谷地区是流域的汇流区域。1985～2015年，延河流域径流、输沙空间变化差异明显，径流、输沙受降雨、地形的影响逐渐减弱，下垫面条件对径流、输沙的影响逐渐增大。

8.3.4 径流量、输沙量的时间分布特征分析

根据 GIS 空间分析统计得到的延河流域 1985～2015 年的径流量和输沙量统计图（图8-13，图8-14）可以看出，在时间变化上，延河流域输沙量变化趋势与径流量基本一致，总体呈下降趋势。从 1985～2015 年，流域径流总量减少 0.83 亿 m³，下降幅度高达 52.20%，流域输沙总量减少 0.27 亿 t，下降幅度 75.00%，表明 1985～2015 年流域输沙量的变化大于径流量的变化。1985～2010 年，流域径流量与输沙量变化趋势一致，但在 2010～2015 年，流域径流量呈不明显的增加趋势，而流域输沙量呈下降趋势，且下降幅度在 2010～2015 年最大，流域径流量与输沙量变化表现出明显的不同步性。

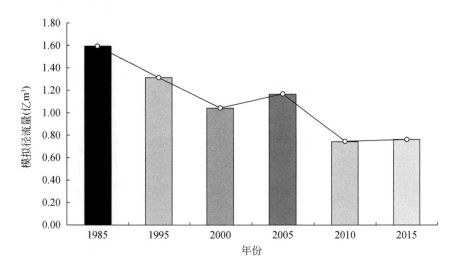

图 8-13　延河流域 1985～2015 年径流量统计

8.3.5 输沙模数时空分布特征分析

从模拟的延河流域 1985～2015 年输沙模数图（图 8-15）可以看

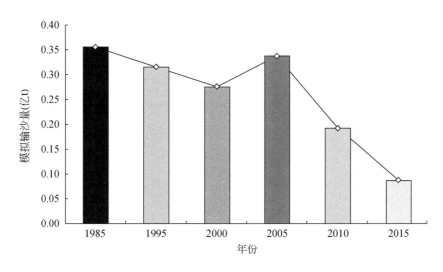

图 8-14 延河流域 1985～2015 年输沙量统计

出，1985 年，延河流域主要以强侵蚀为主，伴有片状中度侵蚀和点状极强侵蚀，流域水土流失状况严重；1995～2005 年，流域主要是强侵蚀与中度侵蚀，流域西北部主要呈强侵蚀，东南部主要呈中度侵蚀；2010 年，延河流域主要呈轻度侵蚀，并伴有片状中度侵蚀与微侵蚀；2015 年，延河流域整体输沙模数小于 1000t/（km² · a），流域土壤呈微侵蚀。上述结果表明，延河流域近 30 年间水土流失治理成效显著。

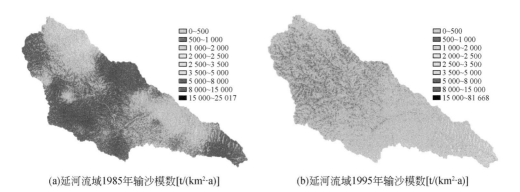

(a)延河流域1985年输沙模数[t/(km²·a)]　　　　　(b)延河流域1995年输沙模数[t/(km²·a)]

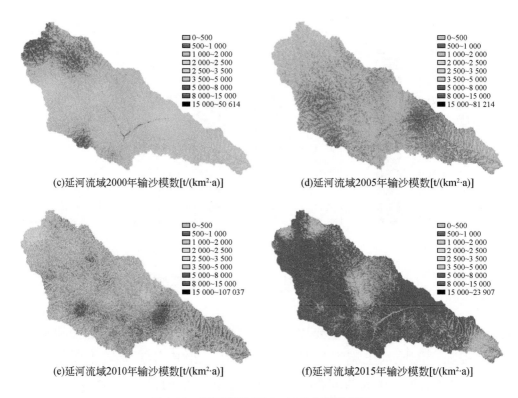

(c)延河流域2000年输沙模数[t/(km²·a)]　　(d)延河流域2005年输沙模数[t/(km²·a)]

(e)延河流域2010年输沙模数[t/(km²·a)]　　(f)延河流域2015年输沙模数[t/(km²·a)]

图 8-15　延河流域 1985～2015 年输沙模数

　　根据 GIS 空间分析统计得到的延河流域典型年份的输沙模数统计图（图 8-16）可知，延河流域 1985 年、1995 年、2000 年、2005 年、2010 年、2015 年的平均输沙模数分别为 4884t/（km²·a）、4079t/（km²·a）、3576t/（km²·a）、4211t/（km²·a）、1737t/（km²·a）、700t/（km²·a）。1985～2015 年流域输沙模数整体呈下降趋势，表明流域土壤侵蚀状况逐步减轻。2000～2005 年，流域输沙模数增加，这主要受退耕还林还草工程影响，1999 年全国开始实施大规模退耕还林还草工程，大量植树造林造成地表土壤发生剧烈的扰动，土质疏松，易造成水土流失，因此 2000～2005 年流域输沙模数增加。流域平均输沙模数由 1985 年的 4884t/（km²·a）下降到 2015 年的 700t/（km²·a），下降比例高达 85.67%，说明退耕还林（草）措施的实施和流域综合治理的推进，使流域植被覆盖度的逐渐提高，水土流失治理成效明显。

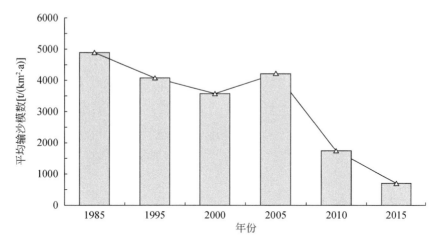

图 8-16　延河流域 1985~2015 年平均输沙模数统计图

8.4　延河流域水沙变化对土地利用变化的响应

8.4.1　径流量对土地利用变化的响应

1985~1995 年，土地利用变化小，主要表现为耕地面积减少2.97%，林地、草地面积分别增加 2.58%、1.42%，居民地和水域占流域面积比例基本没有发生变化。在此期间，延河流域的径流量减少，减少幅度为 17.76%，说明径流量变化与流域土地利用变化关系密切相关。1995~2000 年，受山川秀美工程、退耕还林（草）工程以及延河小流域综合治理的影响，耕地面积减少 20.61%，林地面积增加126.22%。林地面积的增加，增大了地表覆盖度，提高了对径流的拦蓄，增大了地表的入渗，进而减少了径流量。同时，流域降水量仅减少 1.87%，而径流量减少 15.04%。由此表明径流量对土地利用变得响应强烈，土地利用变化成为导致流域径流减少的主要原因；2000~

2005 年，林地面积增加 356km²，而草地面积减少 364km²，耕地面积减少 49km²，林草地占流域总面积的比例没有发生变化。流域径流量增加 0.12 亿 m³，上升 10.34%，这主要因为退耕还林初期地表土壤发生剧烈的扰动，土质疏松，土壤易于流失。2005~2010 年，耕地面积减少 29.43%，林地面积增长 71.23%，径流量减少 0.41 亿 m³，下降 35.34%；2010~2015 年，随着经济的发展，城镇化水平的提高，农村耕地丢荒撂耕现象严重，大量耕地向草地转移。同时农村基础设施不断完善，大量农民开始返乡盖房，导致延河流域居民用地明显增加，因此流域径流量增加。

8.4.2 输沙量对土地利用变化的响应

1985~1995 年，流域土地利用变化不大，延河流域的输沙量减少较少，在此期间延河流域输沙量与径流量变化一致。1995~2000 年，延河退耕还林（草）工程和小流域的综合治理，增加了林地的面积，提高了下垫面的植被覆盖度，能有效拦截泥沙，导致流域输沙量减少。2000~2005 年，大量植树造林造成地表土壤发生剧烈的扰动，土质疏松，土层脆弱。在降雨情况下，表层土壤被剥蚀-搬运-输移至下游河道沟谷地区，导致输沙量增加。因此，流域输沙量与径流量变化趋势一致，呈增加趋势。2005~2010 年，林地面积增长 71.23%，早期林地中的树木逐渐成形，林地强大的根系分布，改善了土壤结构，增强了土壤的入渗性能，减缓了径流的速度，加快泥沙沉积的速度，因此 2010 年流域输沙量同 2005 年相比减少 43.01%。与同时期的径流量相比，径流量减少 36.94%，表明土地利用变化对输沙量的影响大于对径流量的影响。2010~2015 年，流域耕地和林地面积减少，但草地面积增加，伴随近 30 年的水土流失治理工作，流域布设的淤地坝等水土保持措施能够直接拦截泥沙，因此，输沙量明显减小。

8.4.3 输沙模数对土地利用变化的响应

流域输沙模数与输沙量对土地利用变化的响应基本一致。1985～1995 年，由于土地利用变化不明显，流域输沙模数与径流量、输沙量变化趋势一样，呈下降趋势；1995～2000 年，流域林地面积增加，林地增加能够阻拦部分径流、泥沙，减小流域的土壤侵蚀程度；2000～2005 年，输沙模数与径流量、输沙量变化趋势一致，呈上升趋势，其原因主要与退耕还林（草）工程有关，2000～2005 年为退耕还林（草）初期，大量植树造林导致地表土壤发生剧烈的扰动，土质疏松，土壤易于流失，因此导致流域侵蚀程度加重；2005～2010 年，流域生态环境治理加强，早期种植的树木逐渐趋于成熟，流域土壤侵蚀强度转变为轻微侵蚀；2010～2015 年，随着全国经济的发展，城镇化水平的提高，道路、基础设施、住房等居民地面积大幅度增加，土壤侵蚀影响减弱。因此流域输沙模数呈持续减少趋势，表明土壤侵蚀程度继续减轻。

结合延河流域在 1985～2015 年的输沙模数变化情况和土地利用类型的变化情况可知，林地具有一定拦泥蓄水能力，能够使径流量、输沙量和输沙模数都呈现减少趋势，同时，也表明延河流域实施退耕还林（草）措施和水土流失治理工程效果显著。

第9章 "7.26" 洪水大理河流域泥沙来源反演分析

9.1 流 域 概 况

大理河是无定河最大的一级支流，干流全长 170km，流域面积 3906km²，共涉及陕西省榆林和延安两市，其中榆林市面积 3377km²，延安市面积 529km²。大理河发源于榆林市靖边县南部白于山东侧，自西向东流经榆林市的靖边、横山、子洲、绥德 4 县，至绥德县城附近的清水沟村注入无定河，集水面积 3893km²（图 9-1）。

(1) 气象

大理河流域属于典型大陆性季风气候区，且有春季干旱多西北风、夏季炎热多雷雨或暴雨、秋季昼暖夜凉温差较大、冬季寒冷干燥的特点。流域多年平均气温 7.8～9.6℃，最高为 38℃，最低为-32℃，最低气温多发生在 1 月。主要的降水集中在 6～9 月，雨量大、频次高，且多以暴雨形式出现，6～9 月降水量占全年降水量的 70%～75%。以绥德近 20 年来资料统计，多年平均降水量为 460.2mm，最大日降水量 151.1mm。流域内多年平均水面蒸发量 1089.0mm，最大月蒸发量为 239.9mm，最大风速为 22.7m/s，无霜期多年平均 170d。

(2) 径流

绥德以上流域多年平均径流量为 1.427 亿 m³，流域内径流量主要由降雨产生，降水量的时空分布决定了径流的时空分布，受降水量年际变化的影响，径流具有年内部分月份内集中、年际变化大的特点。

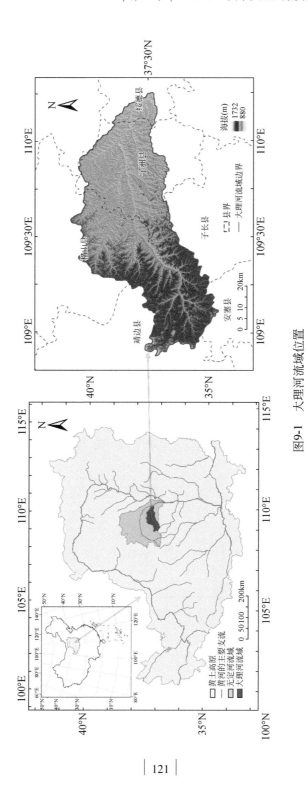

图9-1　大理河流域位置

（3）暴雨洪水

流域多年平均降水量为 400 ~ 500mm，降雨主要在 7、8、9 三个月，基本占全年降水量的 50%~60%，大部以暴雨形式发生，且多发生在 7、8 月。大理河流域内的洪水是由暴雨形成，洪水特性受流域特性和暴雨特性制约。暴雨特征为量级大，分布广，其历时短，强度大，易形成超渗产汇流洪水。

（4）泥沙

大理河流域高含沙量主要集中在 7、8 月，暴雨洪水的特性决定了含沙量的时空分布和高低。多年平均输沙量为 0.378 亿 t，多年平均输沙模数为 7310t/km²。

9.2 "7.26" 洪水大理河泥沙来源反演

2017 年 7 月 25 日 22 时至 28 日，黄河中游山陕区间中北部地区降大到暴雨，其中无定河流域普降暴雨到大暴雨，暴雨中心位于子洲、绥德和米脂三县，大理河绥德水文站洪峰流量为 1959 年以来最大（图 9-2）。暴雨中心在绥德赵家砭，雨量为 252.3mm。大于 50mm

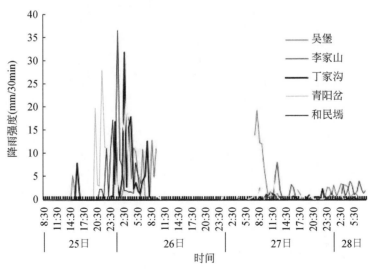

图 9-2 "7.26"暴雨降雨强度

笼罩面积为16 612km^2，大于100mm笼罩面积为4600km^2，大于200mm笼罩面积为177km^2（图9-3）。利用模型对大理河流域这次洪沙过程进行模拟，并对泥沙来源进行反演。

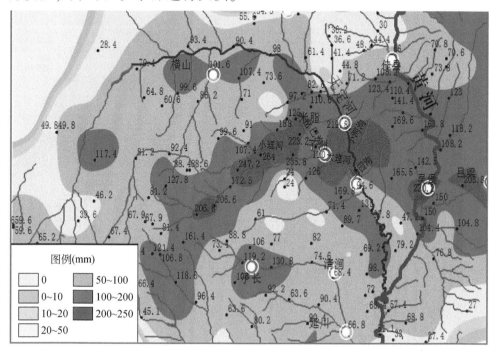

图9-3 "7.26"暴雨雨量分布

9.2.1 输入数据

输入的主要图层数据如图9-4所示。

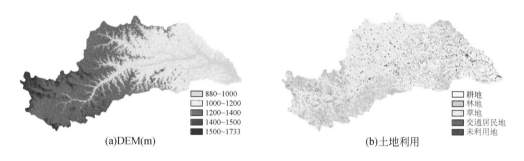

(a)DEM(m)　　　　　　　　　(b)土地利用

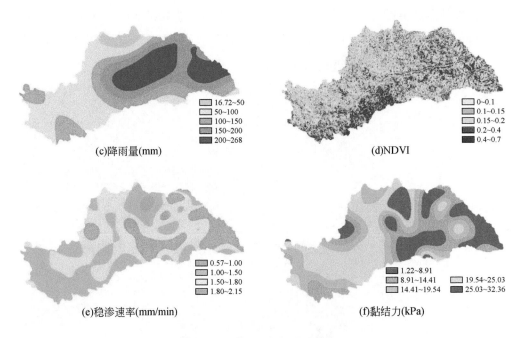

(c)降雨量(mm)

| 16.72~50
| 50~100
| 100~150
| 150~200
| 200~268

(d)NDVI

| 0~0.1
| 0.1~0.15
| 0.15~0.2
| 0.2~0.4
| 0.4~0.7

(e)稳渗速率(mm/min)

| 0.57~1.00
| 1.00~1.50
| 1.50~1.80
| 1.80~2.15

(f)黏结力(kPa)

| 1.22~8.91 | 19.54~25.03
| 8.91~14.41 |
| 14.41~19.54 | 25.03~32.36

图 9-4　输入的主要图层数据

9.2.2　泥沙来源及分析

模型计算过程中，降雨时段被划分为 5 个时间步长，每个时段末的侵蚀产沙量 $e_1 \sim e_5$，5 个时段侵蚀产沙变化如图 9-5 所示。由图 9-5 可以看出，降雨时段初期侵蚀产沙主要集中在暴雨中心，随着暴雨覆盖面积的增大，侵蚀产沙面积逐渐增大，但主要集中在暴雨中心和盖沙区。

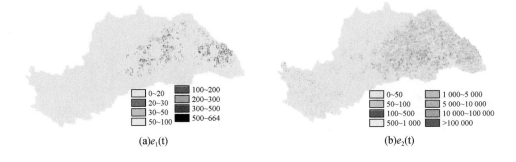

| 0~20 | 100~200
| 20~30 | 200~300
| 30~50 | 300~500
| 50~100 | 500~664

(a)$e_1(t)$

| 0~50 | 1 000~5 000
| 50~100 | 5 000~10 000
| 100~500 | 10 000~100 000
| 500~1 000 | >100 000

(b)$e_2(t)$

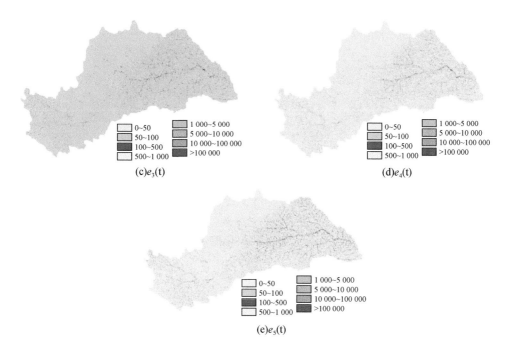

(c)e_3(t)

(d)e_4(t)

(e)e_5(t)

图9-5　侵蚀产沙时空分布变化

模拟流域出口的总径流量和总输沙量（图9-6，图9-7）分别是

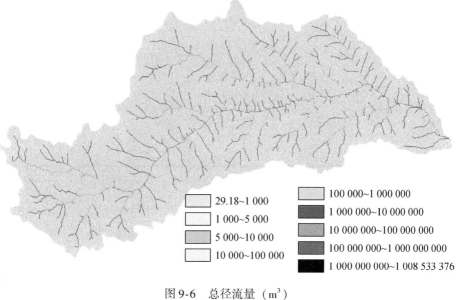

图9-6　总径流量（m^3）

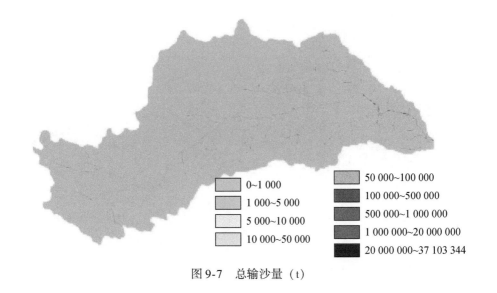

☐ 0~1 000	☐ 50 000~100 000
☐ 1 000~5 000	☐ 100 000~500 000
☐ 5 000~10 000	☐ 500 000~1 000 000
☐ 10 000~50 000	☐ 1 000 000~20 000 000
	☐ 20 000 000~37 103 344

图 9-7　总输沙量（t）

1.008 亿 m³ 和 3347 万 t，与水文观测结果 "7.26" 暴雨绥德站径流量
1 亿 m³ 和 3306 万 t 十分接近。结果表明，流域土壤侵蚀模数平均约为
12 000t/km²（图 9-8），依据土壤侵蚀分类分级标准，整个流域侵蚀强
度表现为极强。泥沙来源主要分布在沙盖区和暴雨中心，也反映出在
极端暴雨情况下，降雨和土壤特性仍是侵蚀产沙的主导因素。

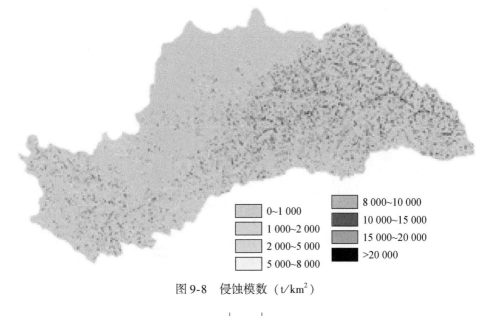

☐ 0~1 000	☐ 8 000~10 000
☐ 1 000~2 000	☐ 10 000~15 000
☐ 2 000~5 000	☐ 15 000~20 000
☐ 5 000~8 000	☐ >20 000

图 9-8　侵蚀模数（t/km²）

对"7.26"洪水大理河径流泥沙模拟的侵蚀模数空间分布进行分析可以发现，暴雨中心覆盖面积大致占流域面积的三分之一，但侵蚀产沙量占近70%；盖沙区面积占近13%，产沙量占近10%；其他区域面积占近60%，产沙量只占21%。这说明流域侵蚀产沙与降雨空间分布有很大关系。且同时在暴雨中心，降雨强度是决定性的因素；非暴雨中心，土壤特性为主导因素。因此，在同一类型区域内，极端暴雨情况下，降雨和土壤特性仍然是侵蚀产沙的主要因素。

第 10 章 流域次暴雨条件下土壤侵蚀与泥沙沉积过程模拟

土壤侵蚀是指水力、风力、重力及其与人类活动的综合作用对土壤的破坏、分散、搬运和沉积的过程[133]，是世界性的环境问题。有关土壤侵蚀的研究一直受到学者们的广泛关注，其中就包括全面认识土壤侵蚀过程。土壤侵蚀过程具有显著的多尺度特点，在不同的空间尺度上，土壤侵蚀具有不同的主导性或控制性[12]。在小区或者坡面尺度上，土壤侵蚀的研究主要是基于小区试验资料总结得出的，如美国的通用土壤流失方程 USLE[3]，但该方程并没有考虑泥沙沉积的过程，存在一定局限性。而在流域和区域尺度上，受降雨、地形和植被等因素的影响，土壤侵蚀过程呈现分离—搬运—沉积—再分离—再搬运的持续性，因此泥沙沉积在该过程中至关重要[134]。泥沙沉积问题不可回避。而目前土壤学界对土壤侵蚀过程做了许多相关的研究，但由于对其中泥沙沉积作用考虑得不充分，导致理论上的土壤侵蚀评价结果难以和实际水文观测相比。因此，研究流域土壤侵蚀—沉积过程及其空间格局，对土壤流失率的定量估算以及实施适当的侵蚀防治和水土保持措施是极其重要的。

暴雨是黄土高原发生土壤侵蚀的主要驱动力，暴雨对坡面及沟道的破坏力极大，径流携带大量的泥沙进入沟道，沿程发生侵蚀与沉积现象，引发流域地形变化。洪水季节中历时短且强度高的暴雨能够对流域年产流产沙量造成重要的影响，因此开展次暴雨土壤侵蚀沉积过程模型与模拟的研究十分重要。

因此，本书基于土壤侵蚀学和泥沙动力学等理论基础，综合考虑降雨、植被、地形和土地利用等因素，旨在探索流域次暴雨产流产沙和水沙物质传输机理，构建中尺度流域土壤侵蚀和泥沙沉积过程模型，分析流域土壤侵蚀和泥沙沉积空间分布特征和影响因素，为全面认识黄河水沙变化机理和土壤侵蚀评价提供理论支持。研究成果有助于促进土壤侵蚀学、泥沙动力学、水文学和地理信息系统等交叉学科的发展，也为开展生态环境建设、应对暴雨灾害、科学布局水土保持措施提供科学依据。

10.1　基　础　数　据

本书选取耤河示范区作为研究区域，所应用的基础数据包括该示范区的 DEM、降水量、土地利用、叶面积指数、土壤参数（表10-1）。研究所用数据均为栅格格式，考虑到栅格尺寸对流域坡度的影响，为了便于统一计算分析，所有栅格数据分辨率均重采样为75m。

表 10-1　基础数据

数据	获取方法	用途
DEM	空间插值	计算地形指标
降水量	空间插值	计算有效降雨
土地利用	遥感解译	分析影响因素
叶面积指数	NDVI 反演	计算植被截留
土壤参数	野外试验测定	计算土壤入渗

10.1.1　数字高程模型

数字高程模型是用一组有序数值阵列表示地面高程的一种实体地面模型，是可以派生出坡度、坡向和曲率等在内的多种地貌特性的栅格数据。获取 DEM 的方式有很多种，包括摄影测量、地面实地测量、利用已有地形图的数字化、在已有的 DEM 库中提取等。本书所采用的耤河示范区 DEM 是通过矢量化和数字化地形图，利用 ANUDEM 插值软件生成的（图10-1）。

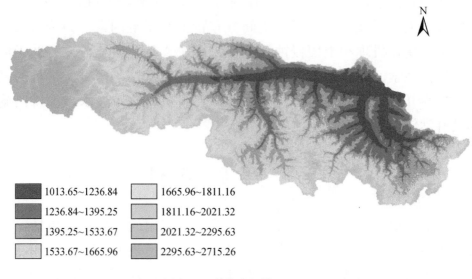

图 10-1　数字高程模型（m）

图例：
- 1013.65~1236.84
- 1236.84~1395.25
- 1395.25~1533.67
- 1533.67~1665.96
- 1665.96~1811.16
- 1811.16~2021.32
- 2021.32~2295.63
- 2295.63~2715.26

10.1.2　降水量

降水量是指在一定的时间内积聚在水平面上的水层深度，其没有经过蒸发、渗透和损失，以毫米为计算单位。本书所用的降雨数据来自国家县级气象局逐日观测资料，包括耤河示范区内关子镇、黄集寨、徐家店和天水 4 个雨量站于 2005 年 7 月 1 日的实测资料。首先利用气象站的观测数据创建 Excel 表格，然后在 ArcGIS10.2 中导入，并利用 IDW 插值工具进行插值生成栅格图层，再进行裁剪从而得到示范区的降水量栅格数据（图 10-2）。

10.1.3　土地利用

土地利用类型反映了土地利用要素的状况、动态变化和分布特征，反映人类对土地利用改造的不同方式，对水土流失往往有非常重要的影响。土地利用类型一般需要通过遥感影像解译获得，且在建立土地

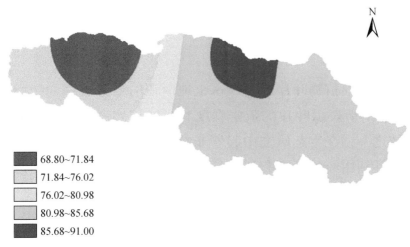

图 10-2　降水量（mm）

利用分类体系时应考虑遥感影像的可操作性和地物的清晰度。本书利用 ENVI5.3 对由地理空间数据云（https://www.gscloud.cn/）下载的甘肃省天水市 2005 年的 Landsat5 TM 遥感影像进行校正以及裁剪等处理，然后根据 Google Earth 和地形图等工具进行目视判读解译，分类提取得到耤河示范区的土地利用类型（图 10-3）。

图 10-3　土地利用类型

10.1.4　叶面积指数

单位面积上植物叶片总面积占土地面积的倍数被称为叶面积指数（LAI），它用于表示叶片的疏密程度和冠层结构，是反映植被结构的重要参数之一，在生态研究中起着非常重要的作用。通常叶面积指数的获取包括利用经验模型和遥感估测两种方法，本书基于遥感影像利用 ENVI5.3 计算提取归一化植被指数（NDVI），再利用式（10-1）~式（10-3）[87]在 ArcGIS 10.2 的栅格计算器中进行计算反演得到 2005 年 7 月精河示范区的叶面积指数（图 10-4）。

耕地：

$$LAI = 0.1678e^{4.107NDVI} \tag{10-1}$$

草地：

$$LAI = 0.2172e^{3.9254NDVI} \tag{10-2}$$

林地：

$$LAI = 0.10386e^{4.6263NDVI} \tag{10-3}$$

0~1.61
1.61~2.95
2.95~4.77
4.77~7.25
7.25~17.08

图 10-4　叶面积指数

10.1.5 土壤参数

土壤特性是影响土壤侵蚀的一个重要因素。不同土壤类型的土壤颗粒大小不同，降雨对其搬运能力也不同。对于颗粒较大且土质黏着力较强的土壤，降雨对其搬运作用较弱，因此造成的土壤侵蚀量会变小；而对于颗粒较小且土质黏着力较弱的土壤，降雨对其的搬运作用就会变强，造成的土壤侵蚀量也会变大。土壤质地、土壤结构、土壤黏结力和土壤含水率都对土壤入渗有着重要的影响。由于土壤的抗侵蚀性是由土壤本身的性质决定，短时间内不会发生改变。本书所采用的土壤数据源于耤河示范区内实际测定的一系列代表性的土壤抗侵蚀性参数，在记录测点位置后利用 GIS 建立点图层生成栅格数据。图 10-5 是在研究区内由双环法试验测定的土壤稳渗速率。

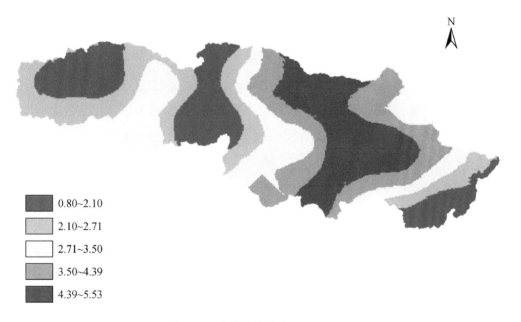

图 10-5　土壤稳渗速率（mm/min）

10.2 流域土壤侵蚀/沉积数学模型的构建

流域土壤侵蚀/沉积数学模型是基于土壤侵蚀原理和泥沙动力学机制建立的用于计算土壤侵蚀和沉积量的模型，它能够定量计算土壤侵蚀/沉积过程中降雨产流过程、侵蚀沉积过程、侵蚀沉积部位的表达，以及降雨、地形和土地利用等因素的影响。选取耤河示范区为研究区，借鉴区域水土流失过程模型的研究，流域土壤侵蚀/沉积数学模型主要由降雨产流和侵蚀/沉积两个子模块构成。

10.2.1 降雨产流过程

降雨为流域内的物质循环提供动力，是土壤侵蚀过程中的重要影响因素。降雨产流过程是土壤侵蚀的关键环节，影响此过程的主要因素包括降雨强度、地形、植被和土壤。在降雨过程中，部分降水被植被冠层截流存储，剩余直接落到地面的降水则一部分通过土壤入渗变为土壤水，另一部分变为在微洼地储存的地表积水，从而生成地表径流。因此，植被截留和土壤入渗是对降水的主要折减，有效降雨等于一次降雨除去植被截留和土壤入渗后剩余的降水量。耤河示范区以超渗产流为主，在暴雨中雨水蒸发蒸腾以及填洼损失极小，在实际计算中往往可以忽略。

(1) 平均雨强

计算植被截留是计算有效降雨的第一步，降雨经过植被截留后落入地面即称落地净雨。通过耤河示范区降水量数据可以得到的是总降水量厚度表面（mm），则平均雨强 h 等于总降水量 P 与降雨时间 t 的比值：

$$h = 1.6 \frac{P}{t} \tag{10-4}$$

式中，1.6 为降雨强度调整系数，可视实际情况而定。

（2）植被截留

降雨过程中植被对降雨的截留和叶面积指数有关。通过计算降雨过程中作物和自然植被的蓄水量求出对降水量的截留，降雨累计截留量用 Aston 方程[113]计算：

$$S_v = C_p \times S_{max} \times (1 - e^{-\eta \left(\frac{P_{cum}}{S_{max}}\right)}) \tag{10-5}$$

最大截留量用 Hoyningen-Huene[114]建立的叶面积指数转换方程计算：

$$S_{max} = 0.935 + 0.498 \times LAI - 0.00575 \times LAI^2 \tag{10-6}$$

$$\eta = 0.046 \times LAI \tag{10-7}$$

$$C_p = 100 \times (1.0 - e^{\left(-\frac{LAI}{2}\right)}) \tag{10-8}$$

式中，S_{max} 为最大蓄水能力，mm；S_v 为累计截留量，mm；C_p 为植被盖度，%；P_{cum} 为累计降水量，mm；η 为系数。

不分段只计算 S_v 总量，通过上述计算，可得经过植被截留后的落地雨强：

$$h_{s_v} = (P - S_v)/t \tag{10-9}$$

（3）土壤入渗和有效降雨

土壤入渗是对降水的另一次基本折减，利用改进的 Kostiakov 模型计算入渗速率。

$$f_t = f_c + kt^{-\beta} \tag{10-10}$$

式中，f_t 指入渗速率（mm/min）；f_c 指稳渗速率（mm/min）；k 和 β 是由土壤初始条件决定的常数。

随着降雨过程的不断进行，雨量逐渐增加，土壤的入渗速率会发生改变，以下讨论在 t 至 $t+j$ 时段内土壤入渗的情况。

当时段 j 内降雨强度 $h_j \leqslant f_{t+j}$ 时，实际入渗量：$h_j = h_{s_v}$，有效降雨强度 $i_j = 0$，表示所有落地降雨全部入渗。

当 $h_j > f_{t+j}$ 时，实际入渗量：$h_j = f_t$，降雨强度超过土壤入渗速率，此时的有效降雨强度等于落地雨强减去土壤入渗速率：

$$i_j = h_{s_v} - f_j \tag{10-11}$$

当 $h_t > h_j > f_{t+j}$ 时，时刻 $t+x$ 的入渗率为

$$f_{t+x} = f_c + k\,(t+x)^{-\beta} = h_j \qquad (10\text{-}12)$$

可得

$$x = \left(\frac{h_j - f_c}{k}\right)^{-\frac{1}{\beta}} - t \qquad (10\text{-}13)$$

在时刻 t 到 x 时段，$i_j \geqslant h_{s_v}$，有效降雨强度为 0；时刻 x 到 $t+j$ 时段有效降雨强度：

$$i_j = h_{s_v} - f_{t+j} \qquad (10\text{-}14)$$

当时段 j 内降雨强度 $h_j \geqslant f_c$ 时，此时的土壤入渗达到饱和，土壤入渗呈现稳渗状态，入渗速率即稳渗速率，则此后的有效降雨强度：

$$i_j = h_{s_v} - f_c \qquad (10\text{-}15)$$

如果雨强小于稳渗速率，则有效降雨强度为 0。在任意时段内的有效雨量等于有效降雨强度对时间的积分。

10.2.2　土壤侵蚀与泥沙沉积过程

流域土壤侵蚀模型的构建，是将流域离散化成大量有规则的单元格作为基本计算单元，每个单元格相当于一个坡面，而坡面侵蚀的物理本质是在坡面上不同大小和方向的作用力做功的过程，包括地表径流引起的土壤颗粒物质分离、搬运和沉积，因此可以基于坡面动力学机制来表述。侵蚀/沉积过程会受到降雨、地形、植被和土壤的影响，如在降雨强度相同的条件下，土壤侵蚀/沉积量与坡度变化大体成正相关，在坡度较陡的地方水流落差相对较大，势能变化也较大，对泥沙输移的影响也较为显著；而林地与草地对侵蚀性泥沙的拦截作用相对耕地要更为强烈，等等。这些因素都是研究土壤侵蚀与泥沙沉积过程中需要考虑的重点。

水的势能是泥沙和水在地表运输的动力，该动力能够用水流功率或单位水流功率表示，水流功率或者单位水流功率可以被定义为每单位重量水的势能消失的速率（VS）[135]：

$$P = \frac{\mathrm{d}y}{\mathrm{d}t} = \frac{\mathrm{d}x}{\mathrm{d}t}\frac{\mathrm{d}y}{\mathrm{d}x} = VS \tag{10-16}$$

式中，y 为超过基准点的高程；x 为纵向距离；t 为时间；V 为纵向平均水流速度；S 为渠床或土壤表面坡度。

而土壤侵蚀/沉积过程可以看作是水流能量持续消耗的过程，当水流的含沙量超过其输沙能力的时候就会产生沉积作用。

Yang[136]、Yang 和 Song[137] 运用水流功率建立了表示冲击渠道的总输沙能力 $C(\mathrm{g/m^3})$ 的方程：

$$C = \gamma \left(P - P_c\right)^{\beta} \tag{10-17}$$

式中，P 是单位水流功率；P_c 是在泥沙开始运动时的临界单位水流功率；$P-P_c$ 表示有效水流功率；γ、β 是泥沙中值粒径、水运动速度和泥沙沉降速度的相关函数。

在实际径流过程中可忽略临界单位水流功率 P_c，式（10-17）可化简为

$$C = \gamma P^{\beta} \tag{10-18}$$

Moore[138] 经过研究发现，在浅的片流层的情况下单位水流功率可以写成：

$$p = \frac{q_s^{0.4}}{n^{0.6}}\left(\frac{\partial y}{\partial s}\right)^{1.3} \tag{10-19}$$

式中，q_s 是单宽流量，表示坡段上任一点的单位时间单位宽度的流量；s 是等高线与最大坡度方向的夹角，单位为弧度；n 是曼宁地表粗糙系数。合并式（10-18）和式（10-19）得

$$C = \frac{\gamma}{n^{0.6\beta}}q_s^{0.4\beta}\left(\frac{\partial y}{\partial s}\right)^{1.3\beta} \tag{10-20}$$

任一点单位宽度的泥沙通量 $Y_b(\mathrm{kg/m/s})$ 可以表示为

$$Y_b = \rho q_s C \tag{10-21}$$

式中，ρ 是水的密度，所以：

$$Y_b = \frac{\rho\gamma}{n^{0.6\beta}}q_s^{1+0.4\beta}\left(\frac{\partial y}{\partial s}\right)^{1.3\beta} \tag{10-22}$$

利用式（10-22）中的单位宽度泥沙通量对在水流方向上沿坡向下移动的距离的微分可以推导出单位面积内的泥沙通量（侵蚀/沉积速率）$Y_r[\mathrm{kg/(m^2 \cdot s)}]$：

$$Y_r = \frac{\partial y_b}{\partial s} \tag{10-23}$$

将式（10-22）应用到理想的二维坡面时，用 x 代替 s 表示沿坡面方向的距离，则单位宽度流出量有

$$q_x = x r_x \tag{10-24}$$

式中，r_x 是单位面积流出量。用式（10-24）代替式（10-22）中的 q_s，再代入式（10-23）可得

$$
\begin{aligned}
Y_r = \frac{\partial y_b}{\partial s} = & \frac{\rho \gamma}{n^{0.6\beta}} \left[(1+0.4\beta) x^{0.4\beta} r_x^{1+0.4\beta} \left(\frac{\partial y}{\partial x} \right)^{1.3\beta} + (1+0.4\beta) r_x^{0.4\beta} \frac{\partial r_x}{\partial x} x^{1+0.4\beta} \left(\frac{\partial y}{\partial x} \right)^{1.3\beta} \right. \\
& \left. + (x r_x)^{1+0.4\beta} 1.3\beta \frac{\partial^2 y}{\partial x^2} \left(\frac{\partial y}{\partial x} \right)^{1.3\beta-1} \right] \\
= & \frac{\rho \gamma}{n^{0.6\beta}} x^{0.4\beta} \left(\left| \frac{\partial y}{\partial x} \right| \right)^{1.3\beta-1} \left[(1+0.4\beta) r_x^{1+0.4\beta} \frac{\partial y}{\partial x} + (1+0.4\beta) r_x^{0.4\beta} x \frac{\partial r_x}{\partial x} \frac{\partial y}{\partial x} \right. \\
& \left. + x r_x^{1+0.4\beta} 1.3\beta \frac{\partial^2 y}{\partial x^2} \right] \\
= & \frac{\rho \gamma}{n^{0.6\beta}} x^{0.4\beta} \left(\left| \frac{\partial y}{\partial x} \right| \right)^{1.3\beta-1} \left(r_x^{1+0.4\beta} \left[(1+0.4\beta) \frac{\partial y}{\partial x} + 1.3\beta x \frac{\partial^2 y}{\partial x^2} \right] \right. \\
& \left. + (1+0.4\beta) x \frac{\partial y}{\partial x} r_x^{0.4\beta} \frac{\partial r_x}{\partial x} \right)
\end{aligned}
\tag{10-25}
$$

在恒定径流的理想情况下，忽略地形的存储衰减对泥沙输移的影响，单位面积流出量等于形成径流的有效降水量，有效降水量等于有效降雨强度 i 对时间 t 的积分，i 是与 x 无关且独立存在的，因此上式大括号内后半部分可以忽略，所以（10-25）可化简为

$$Y_r = \frac{\rho \gamma}{n^{0.6\beta}} x^{0.4\beta} \left(\left| \frac{\partial y}{\partial x} \right| \right)^{1.3\beta-1} \left((1+0.4\beta) \frac{\partial y}{\partial x} + 1.3\beta x \frac{\partial^2 y}{\partial x^2} \right) r_x^{1+0.4\beta} \tag{10-26}$$

用有效降雨强度 i 代替单位面积流出量，可得任意时间 t 内单位面

积泥沙量 Y_r（kg/m^2）：

$$Y_r = \frac{\rho\gamma}{n^{0.6\beta}} x^{0.4\beta} \left(\left|\frac{\partial y}{\partial x}\right|\right)^{1.3\beta-1} \left[(1+0.4\beta)\frac{\partial y}{\partial x} + 1.3\beta x \frac{\partial^2 y}{\partial x^2}\right] \int_0^t i^{1+0.4\beta} dt \quad (10\text{-}27)$$

可以利用式（10-27）对单位面积土壤侵蚀/沉积量进行计算，Y_r 的取值可能为正或负，取负时表示该区发生土壤侵蚀，取正时意味着该区域发生泥沙沉积。因此，式（10-27）既能对流域土壤侵蚀—沉积量进行计算，又能表达土壤侵蚀—沉积可能发生的部位。

10.3 地形对土壤侵蚀/沉积影响的模拟

在式（10-27）中，只有地形指标和有效降雨强度 i 需要对已有数据进行处理计算得到，有效降雨强度在降雨产流过程中可以推算，而地形指标可以通过 DEM 获取。此处利用上述算法模拟地形对土壤侵蚀/沉积的影响。

联立式（10-22）和式（10-24），可得

$$Y_b = \frac{\rho\gamma}{n^{0.6\beta}} x^{1+0.4\beta} \left(\left|\frac{\partial y}{\partial x}\right|\right)^{1.3\beta} i^{1+0.4\beta} \quad (10\text{-}28)$$

对式（10-28）求时间的积分，可得任意时间内单位宽度总泥沙流量 $Y(kg/m)$：

$$Y = \int_0^t Y_b dt = \frac{\rho\gamma}{n^{0.6\beta}} x^{1+0.4\beta} \left(\left|\frac{\partial y}{\partial x}\right|\right)^{1.3\beta} \int_0^t i^{1+0.4\beta} dt \quad (10\text{-}29)$$

根据 Yang 和 Song[137] 的研究结果，β 取值应在 0.82 到 1.12 之间，在实际应用时使 $\beta=1$。为了研究地形对土壤侵蚀/沉积的影响，忽略地表覆盖和有效降雨强度变化，简化式（10-26）、式（10-28）和式（10-29）。

任意时间内相对单位宽度总泥沙量 Y，由式（10-29）可得

$$Y \propto x^{1.4} \left(\left|\frac{\partial y}{\partial x}\right|\right)^{1.3} \int_0^t i^{1.4} dt \quad (10\text{-}30)$$

相对单位宽度泥沙通量 Y_b 由式（10-28）可得

$$Y_b \propto x^{1.4} \left(\left|\frac{\partial y}{\partial x}\right|\right)^{1.3} i^{1.4} \quad (10\text{-}31)$$

相对单位面积泥沙通量（土壤侵蚀/沉积速率）Y_r 由式（10-25）可得

$$Y_r \propto x^{0.4}\left(\left|\frac{\partial y}{\partial x}\right|\right)^{0.3}\left(1.4\frac{\partial y}{\partial x}+1.3x\frac{\partial^2 y}{\partial x^2}\right)i^{1.4} \qquad （10-32）$$

式（10-32）反映出坡度、坡长、坡形对坡地的土壤流失以及坡面泥沙的搬运—沉积过程非常重要。式中，$\partial y/\partial x$ 表示局地坡度的影响，可用坡度代替；$\partial^2 y/\partial^2 x$ 反映了流水线方向上坡面凹凸（坡形）的影响，可以用剖面曲率代替；x 反映了坡长的影响，它的物理意义是上坡区域的单位宽度产出流量，可用侵蚀学坡长代替。

预测土壤侵蚀/沉积可以利用四种假设的二维坡形进行检验：

$$P_1 : y = 10 - 0.05x \qquad （10-33）$$
$$P_2 : y = 10 - 0.05x - (4/\pi)\sin(\pi x/100) \qquad （10-34）$$
$$P_3 : y = 10 - 0.05x + (4/\pi)\sin(\pi x/100) \qquad （10-35）$$
$$P_4 : y = 10 - 0.05x + (2/\pi)\sin(\pi x/50) \qquad （10-36）$$

如图 10-6 所示，$P_1 \sim P_4$ 代表着四种坡形（直型、凹型、凸型和复合型坡面），在 $P_2 \sim P_4$ 中每种坡形的坡度平均值均为 5%。

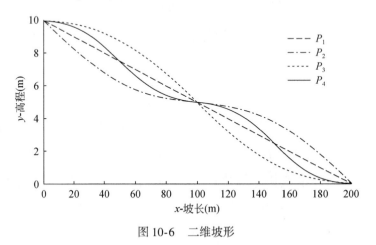

图 10-6　二维坡形

基于式（10-31）和式（10-32）计算四种假定坡形条件下单位宽度泥沙通量 Y_b 和单位面积的相对侵蚀/沉积速率 Y_r。结果分别如表 10-2 和图 10-7 所示，假设整个过程中有效降雨强度保持不变并且都相同。

表 10-2 各坡形的相对单位宽度泥沙通量（Y_b）

坡形	$x = 100$m	$x = 200$m
P_1	1.00	2.64
P_2	0.12	5.67
P_3	2.15	0.33
P_4	0.12	0.33

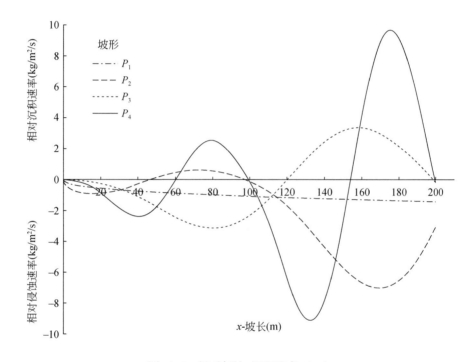

图 10-7 相对侵蚀/沉积速率（Y_r）

表 10-2 说明在 $x = 200$m 处最低的相对单位宽度泥沙通量为 0.33，发生在 P_3 和 P_4 坡形，图 10-7 则表明在 P_1 的均一坡形条件下，侵蚀速率随着坡长的增加逐步稳定上升，坡形 P_4 则产生了最高的相对侵蚀和沉积速率。由此比较分析可以发现，在自然情况下，当发生坡面土壤侵蚀现象时，土壤物质开始沿坡面运输并发生重新分配。对于坡形 P_2 从凹型坡变到凸型坡时，在相同的距离 $x = 200$m 处其相对单位宽度泥

沙通量比坡形 P_3 从凸型坡到凹型坡相同距离上的大很多，且多次到达侵蚀率峰值，说明在坡面上出口附近，由于坡形变成凸型坡会产生较大的泥沙流量，如在 P_2 的 $x=200\mathrm{m}$ 处以及 P_3 的 $x=100\mathrm{m}$ 处。而在 P_3 的 $x=120\mathrm{m}$ 到 $x=200\mathrm{m}$ 处和 P_4 的 $x=60\mathrm{m}$ 到 $x=100\mathrm{m}$ 处可以明显看出从凸型坡到凹型坡的坡面上容易出现沉积作用。

从图 10-7 中 P_4 坡形的侵蚀/沉积速率结果也可以看出随着坡长（或汇流面积）的增加，侵蚀/沉积速率的峰值也显著上升。这些结果都意味着坡度、坡长和坡形在决定坡面土壤流失和再分配时发挥了明显作用，其中坡长由于决定上坡单元的出流而占据主导地位。

10.4 流域次暴雨土壤侵蚀/沉积模型系统的开发

10.4.1 系统功能开发要求

本系统基于 ArcEngine 平台，在 VS 2012 和 . Net Framework 开发环境下使用 C#语言进行客户端窗体开发。系统以上述基于土壤侵蚀原理和泥沙动力学机制所建立的数学模型为基础，主要包括流域土壤侵蚀/沉积过程中降雨产流和侵蚀/沉积两部分。在满足基本的地图显示和操作的基础上，利用式（10-27）对次暴雨条件下流域土壤侵蚀和泥沙沉积量进行模拟计算。

10.4.2 系统基本框架构建

本系统采用 C/S 架构进行客户端窗体开发，利用 VS 2012 创建 WinFrom 窗体（图 10-8），加载 ArcEngine 控件进行地图显示，并调用其接口进行各项功能的实现。利用 WinFrom 自带控件进行布局，引用 CSkin. dll 动态链接库来更改窗体以及控件外观，使系统更加具有美感。系统选择搭建 1200×700 的主窗体界面，便于用户查看地图。

图 10-8 主窗体界面

10.4.3 基本功能实现

打开、保存地图文档以及对地图文档进行操作是系统的一项基本功能。系统设置文件功能模块，用于加载并显示地图文件；查看属性表则为了方便进一步对栅格数据进行观察分析，通过单击图层获取属性表可以查看栅格分类信息，该设计主要针对土地利用数据；地图的放大、缩小，以及平移和缩放等基本操作则直接调用 ArcEngine 自带的 ToolbarControl 控件；此外，可以通过右键图层进行删除图层和缩放至图层区域的操作。

（1）相关控件介绍

Button 控件：对单击作出反应并触发相应的事件，实现前台数据与后台计算的交互。本系统主要设计了分别用于计算地形指标、植被截留、土壤入渗、有效降雨和土壤侵蚀/沉积强度的子窗体。利用 comboBox 控件和 textBox 控件选择输入数据，通过对话框选择输出路径，实现主窗体和子窗体的联动，并通过 MapControl 控件的实时更新来显示计算结果。

  ESRI 的 动 态 链 接 库 提 供 了 丰 富 的 与 ArcGIS 相 关 的 控 件。LicenseControl 控件用来提供一个许可初始化的功能，可以设置其选用开发的产品和相关功能接口的权限（图 10-9）；ToolBarControl 控件可以提供快捷的有关进行地图操作的工具条功能（图 10-10），实现如地图放大和缩小等基本操作，也可以调用其他专业的分析工具；MapControl 地图控件用于显示地图属性；TOCControl 控件则是用来管理地图图层的；MapControl 与 TOCControl 相互绑定可以实现地图的更新显示、添加和删除（图 10-11）。

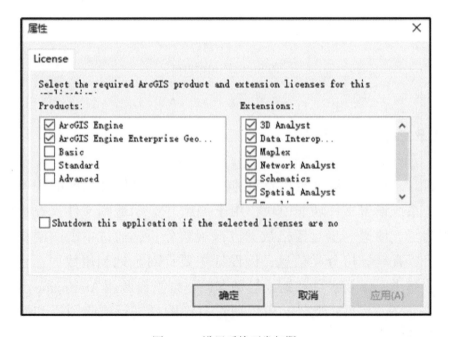

图 10-9 设置系统开发权限

(2) 相关操作实现

  由于本系统是针对栅格数据进行计算，所以需要栅格数据操作的基本功能，主要包括添加栅格图层、查看属性表、栅格计算和输出栅格等。

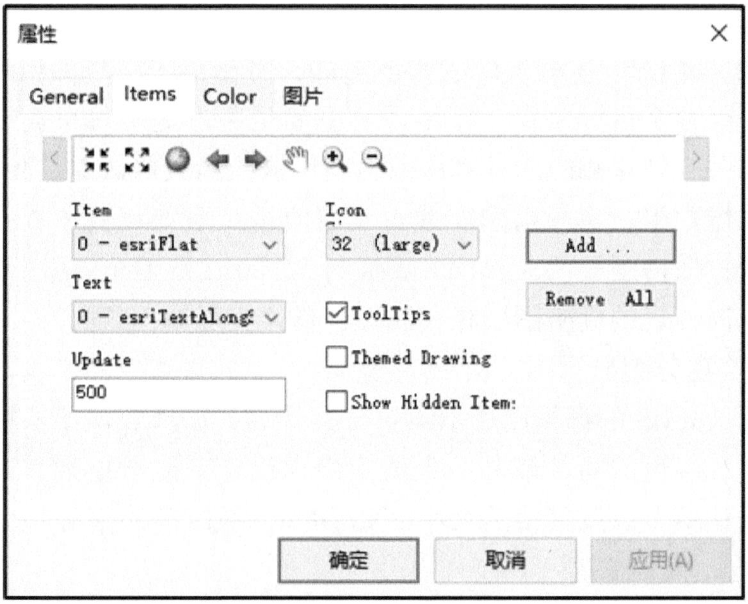

图 10-10　向 ToolBarControl 控件的实例化对象添加基本命令

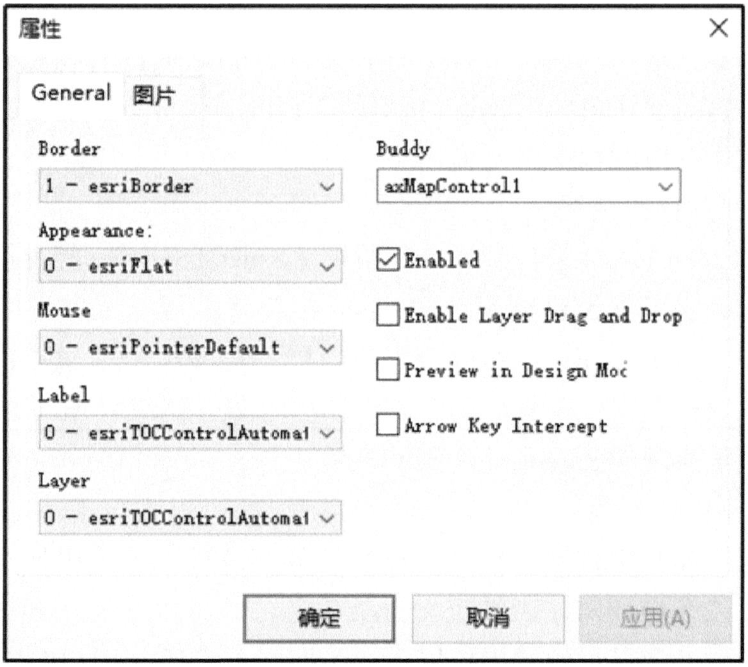

图 10-11　设置 TOCControl 控件与 MapControl 控件的绑定

　　添加和输出栅格数据的基本原理相同，都是先获取文件路径或者输出路径，通过调用 ArcGIS 自带的方法，将栅格图层添加至系统进行显示或者保存至目标路径。栅格计算主要是通过遍历每个栅格像元的值，按照公式创建相应的计算函数，利用这些函数修改对应像元的值，并通过二维数组新建栅格图层或对其原值进行重新赋值。查看栅格属性表则通过栅格图层的 Attribute 属性与 VS 2012 的 Dataview 控件结合，显示出有属性表的栅格图层相关属性，具体实现如下。

　　1）实现分级显示。

　　利用 ArcGIS 的栅格阅读器设置分类等级，循环赋值给不同类型不同的颜色，颜色的初始值和结束值由用户设定，能够更加直观地看到图层的变化信息以及其值的大小（如 DEM、坡度、曲率等）。

　　2）创建栅格图层。

　　在计算落地净雨、植被截流、土壤入渗和有效降雨时需要创建新的栅格图层，将计算结果生成栅格图层显示在系统中。由于栅格图层特有的矩阵存储形式，二维数组可以很好地表达出新图层像元值的空间位置和像元值。利用二维数组与 IRaster 接口之间的转换从而得到新的图层，这需要用 IPixelBlock3 接口的 set_PixelData 方法将数组中各元素的值赋予对应的栅格像元值。

　　3）删除栅格图层。

　　设计 ToolControl 控件和系统提供的 contextMenuStrip 控件的联动事件，通过判定鼠标右键调用 ArcEngine 接口将图层从 map 中移去，使用的方法是 DeleteLayer；缩放至当前图层的功能也是通过单击触发事件，获取鼠标点击位置从而确定需要操作的图层，调用 ArcEngine 提供的内部方法实现 MapControl 的刷新显示。

　　4）属性表查看。

　　由于土地利用数据需要及时查看其分类属性。系统中通过左键点击图层可以在右侧属性表处查看分类信息，并可以在显示地图上进行互换，结合分级显示的效果可以进一步增强视觉感（图 10-12）。通过构造函数中的参数传递，获取主窗体的 map 对象，将其 map 对象应用在子窗体中。

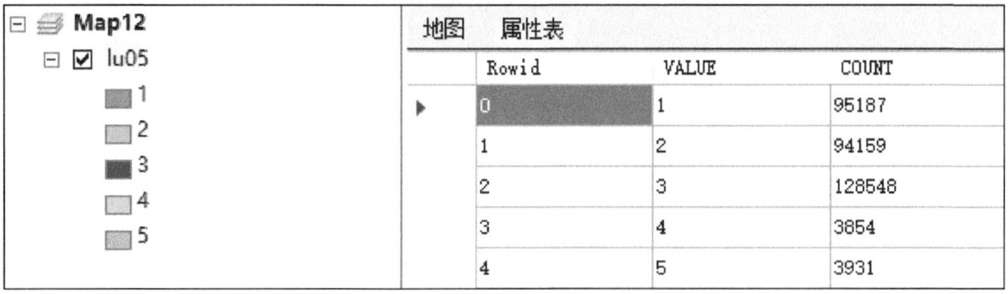

图 10-12　属性表查看

10.4.4　流域土壤侵蚀/沉积过程模拟的实现

（1）坡度和坡向

坡度和坡向是土壤侵蚀/沉积模型中重要的地形指标，根据 ArcEngine 提供的 ISurfaceOp 接口进行数据的表面分析，其中的 Slope 和 Aspect 方法用于计算坡度和坡向。

坡度方法原型如下：

public IGeoDataset Slope（IGeoDataset geoData，esriGeoAnalysisSlopeEnum slopeType，ref object zFactor）；

三个参数中：IGeoDataset geoData 是输入的栅格数据集、esriGeo-AnalysisSlopeEnum slopeType 代表坡度单位、ref object zFactor 表示 Z 因子。利用 comboBox 控件选择进行计算的数据集，并选择计算坡度的单位（度或百分比），将参数传递给坡度计算子窗体，通过调用 Slope 方法计算出坡度（图 10-13）。

坡向方法原型如下：

public IGeoDataset Aspect（IGeoDataset geoDataset）；

该方法只有一个 IGeoDataset geoDataset 参数，用来设置输入的数据集（图 10-14）。

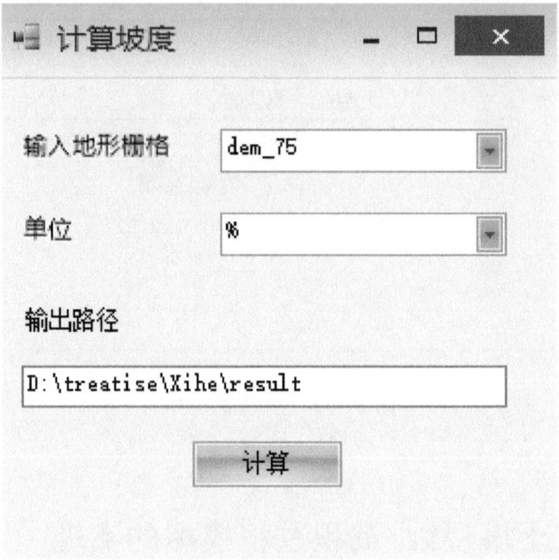

图 10-13　坡度计算

图 10-14　坡向计算

（2）剖面曲率

剖面曲率是对地面高程变化的二次求导，表示坡度的变化率。在系统开发中，剖面曲率的计算采用 ArcEngine 中的 Curvature 方法。

Curvature 方法原型如下：

public IGeoDataset Curvature（IGeoDatasrt geoDataset，bool profile，bool plan）；

三个参数中：IGeoDatasrt geoDataset 是输入的栅格数据集，bool profile 表示是否创建剖面曲率，bool plan 表示是否创建平面曲率（图 10-15）。

图 10-15　计算地表曲率

（3）植被截留与落地净雨

根据耤河示范区的叶面积指数，结合 Aston 方程计算其植被截留量。当降雨强度大于植被截留时，雨量与植被截留量的差值即为落地净雨。计算过程通过接口转换，获取叶面积指数和插值得到的雨量栅格数据中每个像元的值，经过计算得到植被截留和落地净雨，并将其存储在二维数组中，由二维数组生成新的栅格数据（图 10-16）。利用计算出的落地雨强可以计算出下一步需要的土壤入渗量。

（4）土壤入渗

与植被截留的计算过程类似，根据改进的 Kostiakov 模型计算土壤入渗，将所需的数据通过栅格像元获取其值，根据稳渗速率计算土壤入渗速率，并根据降雨时间的推移，以及降雨强度和土壤入渗速率的不同情况计算出土壤入渗和有效雨量（图10-17）。

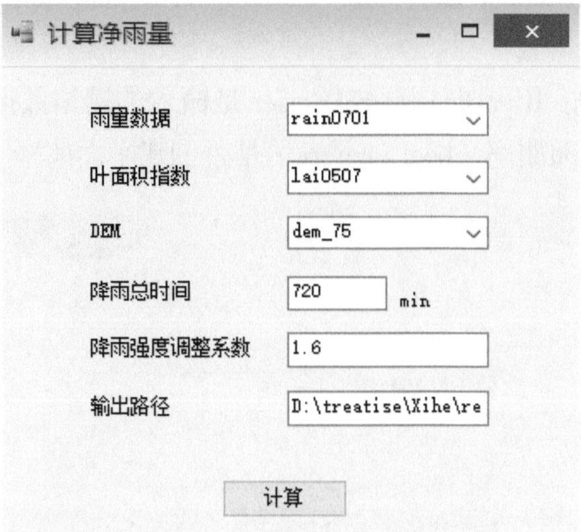

图 10-16　计算净雨量

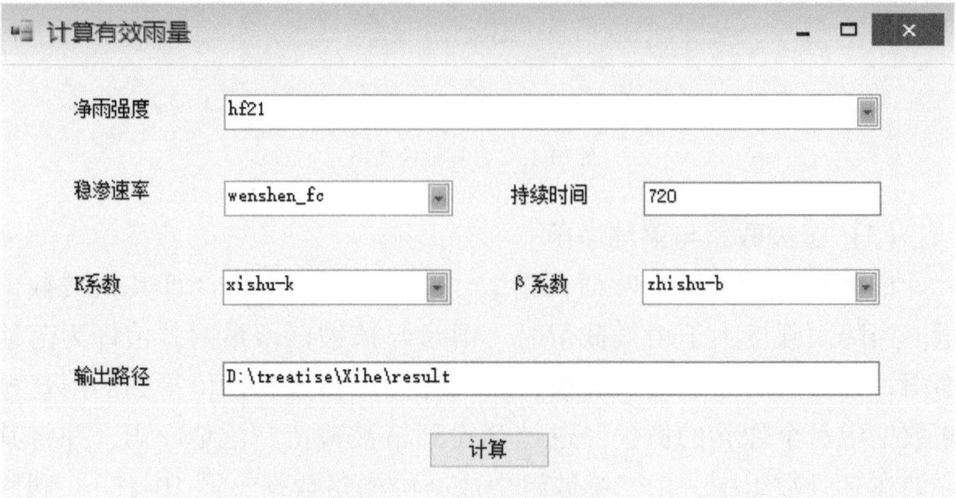

图 10-17　计算有效雨量

（5）单位面积泥沙量

基于式（10-27）进行单位面积泥沙量的计算，即可求得单位面积的土壤侵蚀/沉积量。由于系统计算出的泥沙量会有正负值显示，需要引入绝对坡度，它代表坡度的正负值，上坡时表示坡度为正，下坡时则代表坡度为负，通过与相邻单元格的 DEM 比较可以判断，利用 DEM、坡度和坡向可以计算（图 10-18）。坡长则可以利用坡向计算（图 10-19）。因此，根据以上参数输入模型从而计算得到单位面积土壤侵蚀/沉积量（图 10-20）。

图 10-18　计算绝对坡度

图 10-19　计算坡长

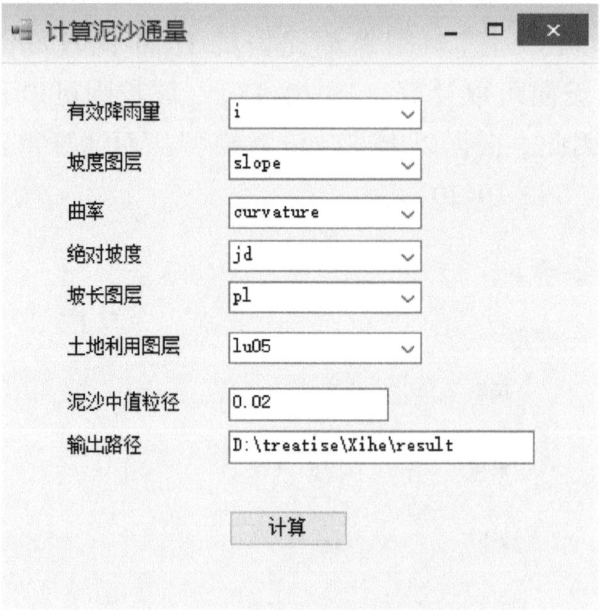

图 10-20　计算单位面积泥沙通量

10.5　流域次暴雨土壤侵蚀/沉积 过程模拟结果与分析

本书选择甘肃省天水市耤河示范区作为模型应用区域，利用基于 ArcEngine 平台开发的流域次暴雨土壤侵蚀/沉积过程模型系统，借助前期处理获得的栅格数据进行模拟计算。系统可以计算获取研究区的地形指标、植被截留、土壤入渗、有效降雨强度，以及单位面积土壤侵蚀/沉积量。利用模拟得到的研究区土壤侵蚀/沉积结果，结合降雨、地形和植被等因素，分析耤河示范区次暴雨条件下的土壤侵蚀—沉积空间分布特征。

本次模拟基于研究区内 4 个雨量站 2005 年 7 月 1 日实际观测的雨量数据。由于此次降雨 12h 内水量达到 68 ~ 91mm，根据中国气象局降雨强度等级划分标准，已达到暴雨至大暴雨级别。因此，在此基础上开展该区域次暴雨条件下的土壤侵蚀/沉积过程模拟。

10.5.1 输出的地形指标

（1）坡度

坡度表示的是地表任意一点地形的起伏程度，它的实质其实是一个微分的概念，每一个坡度点都是一个微分点。坡度不仅可以对土壤以及土地利用类型产生影响，而且能够通过改变地面径流从而影响土壤侵蚀的强度，因此坡度的提取在土壤侵蚀研究过程中十分重要。

如图 10-21 所示，坡度在几何意义上是高程增量和水平增量之比，它具有两种比较常用的表示单位，一种是度数（°），用三角函数 $\tan\theta$ 的方式表示；另一种是坡度百分比（%），用百分比的方式表示某一点高程增量与水平增量的比值，用 $y/x\times100\%$ 表示。

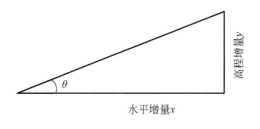

图 10-21　坡度截面

本系统通过 ArcEngine 接口实现地形指标的计算，操作简单且计算精准，利用耤河示范区 DEM 为基础数据进行计算可得到坡度百分比（图 10-22）。

（2）坡向

坡向的定义是坡面法线在水平方向上的投影，可以表示地球表面任意一点高程变化值的最大方向。坡向对降雨、土壤和植被生长都有着重要的作用，因此在土壤侵蚀过程的研究是不可忽略的影响因素。

在栅格计算中坡向是像元值与周围像元中最大坡度的方向，角度在 0°到 360°之间。以 0°~22.5°和 337.5°~360°为正北方向，45°为间

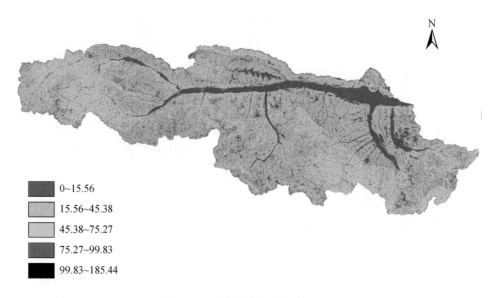

图 10-22 耤河示范区坡度（°）

隔顺时针分为正北、东北、正东、东南、正南、西南、正西、西北 8个方向。本系统是通过 ArcEngine 接口实现对地形指标的计算，所以直接利用耤河示范区 DEM 为基础数据提取坡向（图 10-23）。所生成的坡向网格中各像元的值都代表着此像元坡度正面对的方向。

图 10-23 耤河示范区坡向

(3) 坡长

在土壤侵蚀学中,坡长一般是指从仅流出的地表径流起始点沿水流方向到坡度逐渐减小直到出现沉积现象的点之间在水平面的投影距离。坡长影响径流的流速,进而影响径流的侵蚀力。但坡长对土壤侵蚀和沉积的影响不是一成不变的,需要结合坡度和雨强具体分析。本系统需要栅格数据利用坡向计算坡长,若坡向为正北、正东、正南、正西,则以栅格单元长度表示单元坡长;若方向为东北、东南、西南、西北,则以栅格单元长度的$\sqrt{2}$倍表示单元坡长,再将这些单元坡长沿坡度方向叠加计算得到最终的累计坡长(图10-24)。

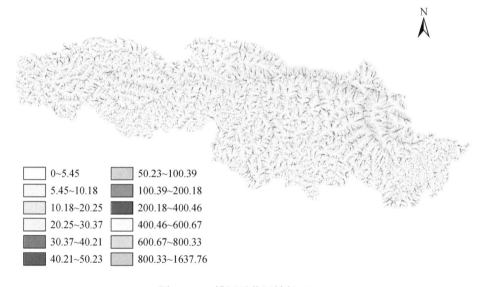

图 10-24　耤河示范区坡长(m)

图例:
0~5.45　　50.23~100.39
5.45~10.18　　100.39~200.18
10.18~20.25　　200.18~400.46
20.25~30.37　　400.46~600.67
30.37~40.21　　600.67~800.33
40.21~50.23　　800.33~1637.76

(4) 剖面曲率

剖面曲率是用来表示地面坡度沿最大坡降方向上的地面高程变化率(坡度变化率)的,它能够表示地形的复杂程度,是一个微观的地形指标。当剖面曲率取值为负时该区域可能会出现土壤侵蚀,取值为正则偏向发生泥沙沉积。本系统通过 ArcEngine 接口实现剖面曲率的计算,利用耤河示范区 DEM 进行计算,得到剖面曲率分布图(图10-25)。

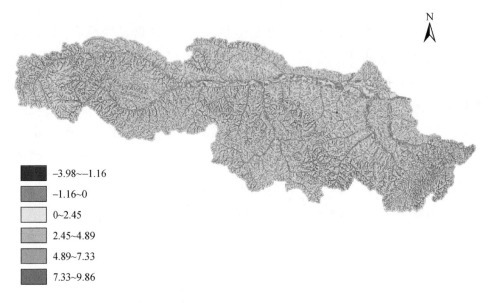

图 10-25　耤河示范区剖面曲率

10.5.2　降雨产流和侵蚀/沉积过程计算

（1）植被截留

利用 IDW 插值得到的雨量数据（图 10-2）和叶面积指数（图 10-4）模拟计算的植被截留量结果如图 10-26 所示。通过与耤河示范区叶面积指数相比较可以明显看出，在雨量空间分布相近的情况下，叶面积指数对植被截留起决定作用，叶面积指数大的区域植被截留也明显较大。结合耤河示范区土地利用也可以发现，林地的植被截流量最为显著，其次是草地，而耕地几乎没有截留。

（2）土壤入渗

根据上一步植被截流量的计算结果可以求出落地雨强（图 10-27），然后基于改进的 Kostiakov 模型将落地雨强与土壤入渗速率相比较，通过输入稳渗速率（图 10-5）和取决于土壤初始条件的相关参数 k 和 β，可以计算出土壤入渗量（图 10-28）。

0~0.53
0.53~1.98
1.98~3.59
3.59~5.83
5.83~7.78

图 10-26　植被截留量（mm）

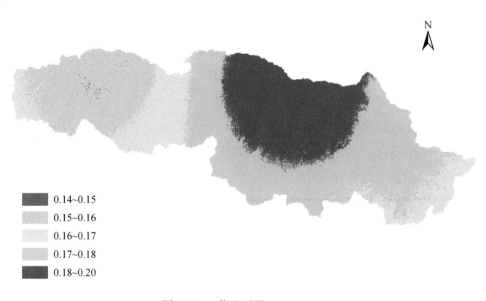

0.14~0.15
0.15~0.16
0.16~0.17
0.17~0.18
0.18~0.20

图 10-27　落地雨强（mm/min）

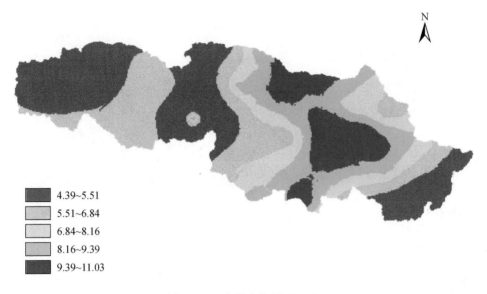

图 10-28　土壤入渗量（mm）

　　结合土壤稳渗速率（图 10-5）、落地雨强（图 10-27）和土壤入渗量（图 10-28）可以发现，土壤入渗和降雨、稳渗速率以及土地利用都有密切的关系，稳渗速率随着海拔的升高逐渐降低，坡耕地的稳渗速率大于林地，在土壤稳渗速率较高的区域，随着次暴雨条件下降雨强度逐渐变大，土壤入渗量也明显增大。

（3）有效降雨强度

　　如图 10-29 所示，利用计算出的植被截流量和土壤入渗量可以计算出在持续降雨过程中精河示范区的有效降雨强度。有效降雨强度受总雨量、次降雨强度、植被截留和土壤入渗等因素的影响。综合对比可以发现，在降雨产流过程中植被截留和土壤入渗都对降雨产生了重要的拦截作用，尤其是在稳渗速率比较高的区域，随着土壤入渗先快后慢的增长，有效降雨强度也越来越低。结合总体降雨以及落地雨强的空间分布来看，有效降雨强度与落地雨强在空间分布上具有相似性，降雨强度对雨量的有效性会产生一定影响。

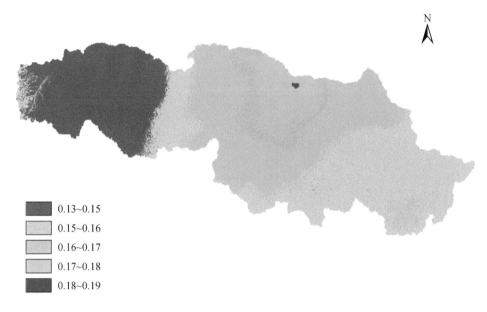

图 10-29　有效降雨强度（mm/min）

（4）单位面积泥沙量

　　将上述计算得到的地形指标和有效降雨强度等参数输入系统，得到耤河示范区次暴雨条件下土壤侵蚀/沉积的空间分布（图 10-30）。系统从地形等因素充分考虑了泥沙沉积的作用，通过模型系统计算出的单位面积泥沙量有正负值，正值表示该区域发生沉积，即泥沙沉积量；负值表示该区域发生侵蚀，即土壤侵蚀量。

10.5.3　耤河示范区土壤侵蚀/沉积空间分布特征

　　系统模拟计算获得的 2005 年 7 月 1 日耤河示范区次暴雨条件下单位面积泥沙量分类统计结果如图 10-31 所示。研究区单位面积泥沙量平均值为 -140.48kg/m^2，主要变化趋势为由南向北减少。从整体来看，耤河示范区以土壤侵蚀为主，泥沙沉积主要分布于明显的沟道内；土壤侵蚀主要分布在中等坡度的地区以及主要流水线上，土壤侵蚀剧烈活动的区域主要集中于示范区内的土石山区。

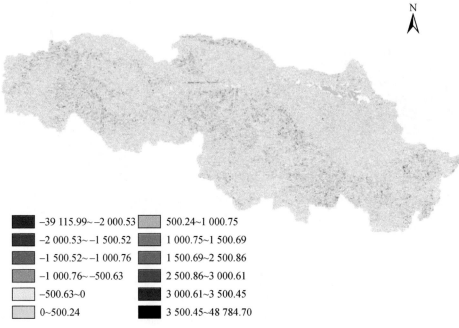

N

−39 115.99~−2 000.53   500.24~1 000.75
−2 000.53~−1 500.52   1 000.75~1 500.69
−1 500.52~−1 000.76   1 500.69~2 500.86
−1 000.76~−500.63   2 500.86~3 000.61
−500.63~0   3 000.61~3 500.45
0~500.24   3 500.45~48 784.70

图 10-30　单位面积泥沙量（kg/m²）

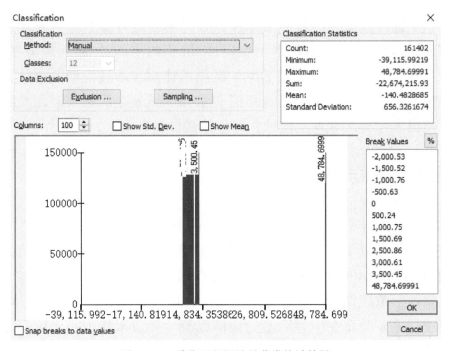

图 10-31　单位面积泥沙量分类统计结果

土壤侵蚀与泥沙沉积的发生是降雨、植被、土壤和地形等多种因素的共同影响结果。结合系统模拟的各项结果可以发现，耤河示范区在此次暴雨过程中受高强度降雨影响，土壤侵蚀较为严重，植被覆盖对雨量存在一定程度的折减，但降雨强度和地形对侵蚀/沉积的影响更大，在降雨强度大且坡度较陡的地区，土壤侵蚀量也相对较大。

10.5.4 耤河示范区土壤侵蚀/沉积的影响因素

流域土壤侵蚀/沉积分布结果是此次暴雨过程中降雨、地形、植被和土地利用类型等多种因素共同作用产生的。因此，探讨此次降雨过程中降雨、土地利用、坡度、坡长和剖面曲率等因素对土壤侵蚀和沉积的影响作用，能够进一步验证此模型系统的实际应用，并对今后土壤侵蚀产沙模型的完善具有重要意义。

（1）降雨

根据图 2-3，耤河示范区此次降雨历时 12h，其间雨量平均值为 78.48mm，最大值达到 90.96mm，最小值也达到了 68.80mm，根据中国气象局降雨强度划分标准，12h 内降水量达到 30～70mm 即为暴雨，达到 70～140mm 即为大暴雨，由于此次降雨 12h 内降水量在 60～100mm，说明其已经达到暴雨至大暴雨的标准。结合落地雨强（图 10-27）、有效降雨强度（图 10-29）和单位面积泥沙量（图 10-30）可以看出，它们在空间格局上的趋势大体上是一致的。耤河示范区内的河川径流主要由降雨形成，且全年径流量主要集中在一年中的汛期，当地在暴雨的情况下，地面主要发生超渗产流，强度较大，产生的洪水量也大。因此，在此次降雨过程中，示范区内落地雨强较大，有效降雨强度也偏大，相应造成的侵蚀/沉积量也会偏大；但也可以看出此次降雨在该示范区内的分布和大小上差异并不显著，所以侵蚀/沉积情况还需要进一步结合地形、植被截留情况和土地利用类型进一步分析。

（2）土地利用类型

根据耤河示范区土地利用类型（图 10-3），该区域土地利用主要分为五类, 耕地、林地、草地、居民地和水体。其中, 由于 1999 ~ 2005 年示范区内退耕还林 (草) 工程的大力推进, 林地和草地面积所占比例较大, 因而这些地区的植被截流量较高, 这在一定程度上可以降低土壤侵蚀的危害。但由图 10-30 可以看出, 林地和草地集中的地区土壤侵蚀量也较大, 可能是由于该示范区包括黄土丘陵沟壑区和土石山区两种地貌, 其中遇暴雨极易发生侵蚀的黄土丘陵沟壑区主要分布在流域中游, 而土石山区主要分布在流域的西部、西南部和东南部, 区域内河沟下切严重, 地表多覆盖碎石, 属于中等高山侵蚀地形。而且由于这些地区的坡度也相对较高 (图 10-22), 在此次暴雨期间发生水力侵蚀的同时, 重力侵蚀剧烈, 叠加产生复合侵蚀, 因此在降雨期间的土壤侵蚀量也相对较大; 沟谷处的耕地易于泥沙沉积, 而在坡耕地上则存在着一定程度的土壤侵蚀; 居民地集中分布在河谷中游, 零星分布在河谷小支流附近, 由于城市道路硬化且植被稀少, 存在一定的泥沙沉积, 而在中下游坡度平缓的河漫滩处, 泥沙沉积较为显著。

(3) 坡度

由藉河示范区坡度分布图 (图 10-22) 以及坡度百分比转换表 (表 10-3) 可以看出, 示范区内大部分地区坡度在 25° 以下, 其中坡度在 8.5° 以下的缓坡地区面积较少, 主要存在于示范区的中部, 沿着沟谷线分布, 与河两岸分布大量坡耕地的实际情况对应。在此次降雨过程中, 沟谷两岸的耕地受到水力作用发生了土壤侵蚀, 泥沙运动流向附近地理位置更低的沟谷, 造成了沟谷地区的泥沙沉积, 因此, 由图 10-30 中可以明显看出, 沟道内泥沙沉积明显, 沟谷两岸则发生轻微的土壤侵蚀; 而示范区内坡度在 8.5° ~ 25° 的面积占比最大, 该地区的主要土地利用类型为草地, 土壤侵蚀和沉积交错分布; 示范区内海拔较高的正西以及东南两处坡度较陡的地区, 其坡度在 25° 以上, 这也与这两处分布着大量高山林地的实际土地利用情况相符合, 此次降雨叠加重力侵蚀导致该地发生了较为严重的土壤侵蚀。

表 10-3 坡度百分比转换表

坡度百分比（%）	角度（°）
1	0.6
15	8.5
30	16.7
45	24.2
60	31.0
75	36.9
90	42.0
100	45.0

（4）坡长

坡长是影响流域土壤侵蚀和沉积的重要因素，但坡长对坡面土壤侵蚀—搬运—沉积过程的影响作用不是一成不变的，需要结合雨强和坡度等实际情况具体分析。一般来说，在一定范围内侵蚀量随着坡长增加而增长，但超过此范围就会发生侵蚀和沉积的交替变化。而泥沙沉积一般由于径流含沙量饱和而导致挟沙能力下降，从而分布在坡脚，当坡长越长时，长斜坡底部可能就会发生沉积。通过分析耤河示范区坡长分布图（图 10-24）可以发现，示范区内整体坡面长度较为均匀，其中坡长较长的地区主要沿着沟谷线分布。而对比坡长与单位面积泥沙量分布图可以看出，在沿沟谷线分布的坡长较长地区，泥沙沉积情况较为明显；而在一定距离内随着坡长的增大，径流量也相应变大且冲击力变强，土壤侵蚀量也会增加，但在坡度较为平缓的地区也往往会伴随泥沙沉积的现象。

（5）剖面曲率

根据耤河示范区剖面曲率分布图（图 10-25）可以看出，示范区内剖面曲率总体取值偏负，剖面曲率为负值的地区所占比例偏大，这些地区对应的坡度也偏高，易于发生土壤侵蚀；而剖面曲率为正值的所占面积比例较小，主要集中在沟谷线沿线，集中分布在坡度较为平缓的地区，这类地区则易于发生泥沙沉积。因此，剖面曲率图也对应说明了示范区内此次降雨期间单位面积的泥沙量最终表现为土壤侵蚀>泥沙沉积。由于泥沙量的变化与剖面曲率之间存在高度的正相关关系，对比剖面曲率图与单位面积泥沙量图可以发现，当剖面曲率的绝对值较大时，该地区坡面坡度的变化也更快，考虑到降雨导致的水力侵蚀叠加重力侵蚀的因素，在此次降雨期间其所对应的单位面积泥沙量的绝对值也会偏高。当剖面曲率值为负时易发生土壤侵蚀，对应单位面积泥沙量中的负值；反之，当剖面曲率值为正时易发生泥沙沉积，对应单位面积泥沙量中的正值，二者在方向上存在一致性。而在剖面曲率绝对值较大的地方，土壤侵蚀与沉积分布较为明显，说明在坡度变化越快的地区，土壤侵蚀与泥沙沉积的发生也相对剧烈。

此外，利用 DEM 提取精河示范区的山脊线分布情况，将单位面积土壤侵蚀量分类提取与其叠加，如图 10-32 所示。同时结合坡向分布图（图 10-23）可以发现，坡向值明显发生突变的像元汇集成了地区的山脊线，在山脊线的两侧坡度值都很大。由于土壤侵蚀主要发生在坡面区域，因此山脊线附近发生土壤侵蚀的概率较高，又因为水力、重力等侵蚀动力携带泥沙运动，因此在山谷、沟道或地形较缓的地区

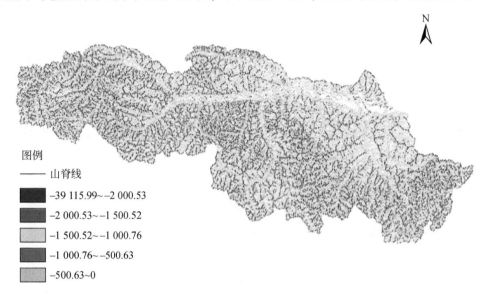

图例
—— 山脊线
■ −39 115.99~−2 000.53
■ −2 000.53~−1 500.52
□ −1 500.52~−1 000.76
■ −1 000.76~−500.63
□ −500.63~0

图 10-32　山脊线与土壤侵蚀量叠加（kg/m²）

容易发生土壤沉积。另外，土壤侵蚀沿着山脊线集中分布，而集中发生泥沙沉积的地区则与山脊线位置分明，该结果也与实际情况一致。而且在山脊线密集的地区，土壤侵蚀量相对较大，侵蚀程度严重。但同时发现这些地区也会发生泥沙沉积，可能是由于这部分地区坡度较大，陡坡密集，土壤侵蚀发生后泥沙未能及时输移而产生沉积。

综上可知，降雨强度、地形和植被均会对土壤侵蚀/沉积过程产生不同程度的影响，其中雨强和地形的影响较大。特别是在降雨强度大且坡度较陡的地区，土壤侵蚀/沉积量相对较大；坡度越缓，土壤侵蚀发生的概率越小，越容易发生泥沙沉积；陡坡集中地区，土壤侵蚀分布严重。

10.6　结　　论

本书以耤河示范区为研究区，通过资料收集、野外实测、遥感解译和 GIS 空间分析等方法获取了降雨、DEM、土地利用和叶面积指数等基础数据，基于水文学、泥沙动力学以及土壤侵蚀学原理，推算出了一个综合考虑降雨、植被和地形等因素的流域土壤侵蚀与泥沙沉积数学模型，并基于 ArcEngine 平台在 VS 2012 开发环境下开发了计算机模型系统，模拟了 2005 年 7 月 1 日次暴雨条件下耤河示范区土壤侵蚀/沉积过程，分析了该次暴雨下耤河示范区土壤侵蚀—沉积的空间分布特征以及各因素对土壤侵蚀/沉积作用的影响。主要结论如下。

1）基于坡面水文过程和泥沙动力学机制，推求出流域次暴雨径流、土壤侵蚀/沉积过程的数学模型，该模型既能计算降雨径流和侵蚀/沉积过程，又能反映降雨、土壤、植被和地形对产流和侵蚀/沉积的影响。

2）所开发的流域次暴雨土壤侵蚀/沉积过程计算机模型系统，能够完成研究区次暴雨条件下土壤侵蚀/沉积过程模拟，可以定量计算和表达流域次暴雨条件下的土壤侵蚀/沉积量和侵蚀/沉积部位。

3）分析了耤河示范区次暴雨土壤侵蚀/沉积的空间分布特征。在该次降雨中耤河示范区单位面积泥沙量的平均值为 $-140.48\mathrm{kg/m^2}$，主要变化趋势为由南向北减少。从整体来看，耤河示范区以土壤侵蚀为主，泥沙沉积主要分布于明显的沟道内；土壤侵蚀主要分布在中等坡度的地区以及主要流水线上。

4）地形和植被对土壤侵蚀/沉积均有不同程度的影响。坡度较平缓特别是由陡变缓的地方，泥沙沉积会表现得更为集中；在坡度较陡的地区，土壤侵蚀会更为明显；均一坡形条件下，侵蚀速率随着坡长的增加逐步稳定上升，坡形从凹形坡变成凸形坡（剖面曲率为负）时侵蚀速率较大，而从凸型坡到凹型坡（剖面曲率为正）的坡面上容易发生沉积作用，而且坡长的影响占主导作用。林地和草地对土壤侵蚀具有一定的减轻作用，但降雨强度和地形对侵蚀/沉积的影响更明显。

综上所述，本书开发建立的流域土壤侵蚀/沉积模型，充分考虑到土壤侵蚀过程中泥沙沉积的作用，反映出流域发生土壤侵蚀/沉积的实际情况，既可以实现对中尺度流域次降雨条件下土壤侵蚀和泥沙沉积过程的模拟，又能量化描述降雨、地形和植被等因素对流域土壤侵蚀/沉积过程的影响，研究结果可以为流域土壤侵蚀过程模型的开发提供参考。

本书虽然可以实现对土壤侵蚀过程中泥沙沉积的定量计算，但也仍然存在一些需要深入改进完善的地方。

1）模型需要进一步的率定。包括时空计算单元、模型参数等需要进一步的率定。

2）计算结果精度有待于分析。本次模拟结果尽管在理论上与示范区内土壤侵蚀和泥沙沉积的分布情况较为相符，但是没有野外实际观测资料验证，在未来的研究中应该通过现场验证进一步对模型的精度和合理性做出评价。

参 考 文 献

［1］ Kirkby M. Translating models from hillslope （1 ha） to catchment （1000km^2） scales IAHS Publication. International Association of Hydrological Sciences，1999，（254）：1-12.

［2］ de Jong S M，Paracchini M L，Bertolo F，et al. Regional assessment of soil erosion using the distributed model SEMMED and remotely sensed data. Catena，1999，37 （3-4）：291-308.

［3］ Favis-Mortlock D，Mike K. The GCTE Soil Erosion Network. Proc of 12th International Soil Conservation Organization Conference. Beijing：Tsinghua University Press，2002.

［4］ Gobin A，Govers G，Kirkby M. Soil erosion and global change. COST action，2002.

［5］ 李锐，杨勤科. 区域水土流失快速调查与管理信息系统研究. 郑州：黄河水利出版社，2000.

［6］ 杨勤科. 区域水土流失监测与评价. 郑州：黄河水利出版社，2015.

［7］ Nusser S M，Kienzler J M，Fuller W A. Geo-statistical Estimation Data for the 1997 National Resources Inventory. Washington D C，1999.

［8］ Blaszczynski J. Regional Soil Loss Prediction Utilizing the RUSLE/GIS Interface，Geographic Information Systems （GIS） and Mapping—Practices and Standards. STP 1126，1992，American Society for Testing and Materials：Philadelphia，PA：122-131.

［9］ Brazier R E，Rowan J S，Anthony S G，et al.“MIRSED”towards a MIR approach to modelling hillslope soil erosion at the national scale. Catena，2001，42 （1）：59-79.

［10］ Lu H，Gallant J，Prosser I P，et al. Prediction of Sheet and Rill Erosion Over the Australian Continent，Incorporating Monthly Soil Loss Distribution. CSIRO Land and Water Technical Report 13/01. Canberra：CSIRO Land and Water，2001.

［11］ Williams J，Nearing M，Nicks A，et al. Using soil erosion models for global change studies. Journal of Soil and Water Conservation，1996，51：381-385.

［12］ Poesen J W，Boardman J，Wilcox B，et al. Water erosion monitoring and experimentation for global change studies. Journal of Soil and Water Conservation，1996，51 （5）：386-390.

［13］ Kirkby M J，Imeson A G，Bergkamp G，et al. Scaling up processes and models from the field plot to the watershed and regional areas. Journal of Soil and Water Conservation，1996，51 （5）：391-396.

［14］ Favis-Mortlock D Q, Quinton J N, Dickinson W T. The GCTE validation of soil erosion models for global change studies. Journal of Soil and Water Conservation, 1996, 51 (5): 397-403.

［15］ Jetten V, De Roo A, Favis-Mortlock D. Evaluation of field-scale and catchment-scale soil erosion models. Catena, 1999, 37 (3-4): 521-541.

［16］ Blöschl G, Sivapalan M. Scale issues in hydrological modelling: A review. Hydrological Processes, 1995, 9 (3-4): 251-290.

［17］ Zhang X Y, Drake N A, Wainwright J W. Scaling Land-Surface Parameters for Global Scale Soil-Erosion Estimation. Water Resources Research, 2002, 38 (9): 1180-1189.

［18］ Zhang X. Comparison of Slope Estimates from low Resolution DEMs Scaling Issues and a Fractal Method for Their Solution. Earth Surface Process and Landforms, 1999, 24: 763-769.

［19］ Oldeman LR, Hakkeling R T A, Sombroek W G. World map of the status of human-induced soil degradation: An explanatory note. ISRIC Wageningen, Netherlands, 1990.

［20］ Batjes N. Global assessment of land vulnerability to water erosion on a one half degree by one half degree grid. Land Degradation & Development, 1996, 7 (4): 353-365.

［21］ Le Bissonnais Y, Montier C, Jamagne M D, et al. Mapping erosion risk for cultivated soil in France, Catena, 2002, 46 (2-3): 207-220.

［22］ Kirkby M, Abrahart R, McMahon M D, et al. MEDALUS soil erosion models for global change. Geomorphology, 1998, 24 (1): 35-49.

［23］ Kirkby M J, Le Bissonais T J, Daroussin J, et al. The development of land quality indicators for soil degradation by water erosion. Agriculture, Ecosystems & Environment, 2000, 81 (2): 125-136.

［24］ Sidle R, Onda Y. Hydrogeomorphology: overview of an emerging science. Hydrological Processes, 2004, 18 (4): 597-602.

［25］ Renschler C S, Harbor J. Soil erosion assessment tools from point to regional scales-the role of geomorphologists in land management research and implementation. Geomorphology, 2002, 47 (2-4): 189-209.

［26］ Kandel D D, Western A W, Grayson R B, et al. Process parameterization and temporal scaling in surface runoff and erosion modelling. Hydrological Processes, 2004, 18 (8): 1423-1446.

［27］ Gisladottir G, Stocking M. Land degradation control and its global environmental benefits. Land Degradation & Development, 2005, 16 (2): 99-112.

［28］ Kiniry J R, Williams J R, Srinivasan R. Soil and Water Assessment Tool User's Manual, Version. Texas Water Resources Institute Technical Report NO.406, Texas A &M University System, College Station, 2005.

［29］ Oeurng C, Sauvage S, Sanchez-Perez J. Assessment of hydrology, sediment and particulate organic carbon yield in a large agricultural catchment using the SWAT model. Journal of Hydrology, 2011, 401 (3-4): 145-153.

［30］Strauch M, Bernhofer C, Koide S, et al. Using precipitation date ensemble for uncertainty analysis in SWAT streamflow simulation. Journal of Hydrology, 2012, 414-415 (0): 413-424.

［31］UlIrich A, Volk M. Application of the Soil and Water Assessment Tool (SWAT) to predict the impact of alternative management practices on water quality and quantity. Agricultural Water Management, 2009, 96 (8): 1207-1217.

［32］Bouraoui F, Benabdallah S C, Jrad A, et al. Application of the SWAT model on the Medjerda river basin (Tunisia). Physics and Chemistry of the Earth, 2005, 30: 497-507.

［33］Verstraeten G, Van R A, Poesen J, et al. 2003. Evaluating the impact of watershed management scenarios on changes in sediment delivery to rivers. Hydrobiologia, 494 (1-3): 153-158.

［34］Kirkby M, Irvine B, Jones R, et al. The PESERA coarse scale erosion model for Europe. I. Model rationale and implementation. European Journal of Soil Science, 2008, 59 (6): 1293-1306.

［35］黄秉维. 编制黄河中游流域土壤侵蚀分区图的经验教训. 科学通报, 1955.12: 15-21.

［36］《中华人民共和国自然地图集》编辑委员会. 中华人民共和国自然地图集. 北京: 科学出版社, 1965.

［37］马蔼乃. 中国水土流失的分类分级和危险度评价方法研究.//王劲峰, 等. 中国自然灾害影响评价方法研究. 北京: 中国科学技术出版社, 1999.

［38］朱显谟. 黄土区土壤侵蚀的分类. 土壤学报, 1956, 4 (2): 99-115.

［39］朱显谟. 有关黄河中游土壤侵蚀区划问题. 土壤通报, 1958 (1): 1-6.

［40］中华人民共和国水利部. 土壤侵蚀分类分级标准. 中华人民共和国行业标准 SL190-96. 1997. 北京: 中国水利水电出版社.

［41］王万忠. 中国降雨侵蚀力 R 值的计算与分布 (I). 水土保持学报, 1995.9 (4): 5-18.

［42］王万忠. 中国降雨侵蚀力 R 值的计算与分布 (Ⅱ). 土壤侵蚀与水土保持学报, 1996, 2 (1): 29-39.

［43］刘宝元, 唐克丽, 焦菊英, 等. 黄河水沙时空图谱. 北京: 科学出版社, 1993.

［44］王万忠, 焦菊英. 黄土高原侵蚀产沙强度的时空变化特征. 地理学报, 2002, 57 (2): 210-217.

［45］韦红波, 任红玉, 杨勤科. 中国多年平均输沙模数的研究. 泥沙研究, 2003, (1): 39-44.

［46］任洪玉, 杨勤科, 韩琳. 全国水文计算单元空间数据库的建立与应用. 水土保持通报,

2003, 23 (3): 55-59.

[47] 刘宝元, 张科利, 焦菊英. 土壤可蚀性及其在侵蚀预报中的应用. 自然资源学报, 1999, 14 (4): 345-350.

[48] 张科利, 彭文英, 杨红丽. 中国土壤可蚀性值及其估算. 土壤学报, 2007, 44 (1): 7-13.

[49] 黄义端. 我国几种主要地面物质抗侵蚀性能的初步研究. 中国水土保持, 1980, (1): 41-43.

[50] 张爱国, 张平仓, 杨勤科. 区域水土流失土壤因子研究. 北京: 地质出版社, 2003.

[51] 雷俊山, 杨勤科, 薄层水流侵蚀试验研究与土壤抗冲性评价, 泥沙研究, 2004, 12 (6): 22-26.

[52] 刘新华, 杨勤科, 李锐. 中国地形起伏度的提取及在水土流失定量评价中应用. 水土保持通报, 2001, 21 (1): 57-59.

[53] 韦红波, 李锐, 杨勤科. 我国植被水土保持功能研究进展. 植物生态学报, 2002, 26 (4): 489-496.

[54] 卜兆宏, 唐万龙, 杨林章, 等. 水土流失定量遥感方法新进展及其在太湖流域的应用. 土壤学报, 2003, 41 (1): 1-9.

[55] Fu B J, Zhao W W, Chen L D, et al. Assessment of soil erosion at large watershed scale using RUSLE and GIS: a case study in the Loess Plateau of China. Land Degradation & Development, 2005, 16 (1): 73-85.

[56] 杨艳生. 区域性土壤流失预测方程的初步研究. 土壤学报, 1990, 27 (1): 73-78.

[57] 周佩华. 2000年中国水土流失趋势预测与防治对策. 中国科学院水土保持研究所集刊, 1988, 7: 57-71.

[58] 胡良军, 李锐, 杨勤科. 基于 GIS 的区域水土流失评价研究. 土壤学报, 2001, 38: 167-175.

[59] 马晓微, 杨勤科, 刘宝元. 基于 GIS 的中国潜在水土流失评价研究. 水土保持学报, 2002, 16 (4): 49-53.

[60] 杨勤科, 李锐, 徐涛. 区域水土流失过程及其定量描述的初步研究. 亚热带水土流失研究, 2006, 18 (2): 20-23.

[61] 徐涛. 基于 GIS 的区域水土流失模型研究. 杨陵: 中国科学院水利部水土保持研究所, 2005.

[62] 姚志宏, 杨勤科, 吴喆, 等. 区域尺度降雨径流估算方法研究, I—算法设计. 水土保持研究, 2006, 13 (5): 306-308.

[63] 姚志宏, 杨勤科, 吴喆, 等. 区域尺度侵蚀产沙估算方法研究. 中国水土保持科学, 2007, 5 (4): 13-17.

［64］ 姚志宏．基于 GIS 的区域水土流失模型算法设计与试运行．杨陵：中国科学院水利部水土保持研究所，2007．

［65］ 张宏鸣．基于 GIS 的区域水土流失模型的优化与改进．杨陵：西北农林科技大学，2008．

［66］ Yao Z H, Zhang H M, Yang Q K, et al. Modeling Soil and Water Loss Process at Regional Scale Based on GIS. International Journal of Food, Agriculture & Environment, 2013, 11 (2): 1169-1176.

［67］ 刘昌明，李道峰，田英，等．基于 DEM 的分布式水文模型在大尺度流域应用研究．地理科学进展，2003，22 (5)：437-445.

［68］ 刘昌明，夏军，郭生练，等．黄河流域分布式水文模型初步研究与进展．水科学进展，2004，15 (4)：495-500.

［69］ Kirkby M J. From Plot to Continent: Reconciling Fine and Coarse Scale Erosion Models. In: Stott D E, Mohtar R H, Steinhardt G C (eds). Sustaining the Global Farm – Selected papers from the 10th International Soil Conservation Organization Meeting, May 24-29, 1999, West Lafayette, IN. International Soil Conservation Organization in cooperation with the USDA and Purdue University, West, Lafayette, 2001: 860-870.

［70］ Renard K G, Foster G R, Weeies G A. Predicting soil erosion by water: A guide to conservation planning with the revised universal soil loss equation (RUSLE). Agriculture Handbook, 703. Washington D. C.: U. S. Department of Agriculture, 1997.

［71］ Renschler C S, Flanagan D C. GeoWEPP—The Geo-spatial interface for the Water Erosion Prediction Project. ASAE Conference Paper, 2002.

［72］ De Roo A P J, Wesseling C G, Ritsema C J. LISEM: A Single-Event Physically Based Hydrological and soil Erosion Model for Drainage Basins. I: Theory. Input and Output. Hydrological Processes, 1996, 1107-1118.

［73］ Jetten V. LISEM, Limburg Soil Erosion Model Windows version 2. USER MANUAL DRAFT, 2002.

［74］ 贾媛媛，郑粉莉，杨勤科．黄土高原小流域分布式水蚀预报模型．水利学报，2005，36 (3)：328-332.

［75］ 汤国安，杨勤科，张勇．不同比例尺 DEM 提取地面坡度的精度研究．水土保持通报，2001，21 (1)：53-56.

［76］ 汤国安，赵牡丹，李天文，等．DEM 提取黄土高原地面坡度的不确定性．地理学报，2003，58 (6)：824-830.

［77］ Yang D W, Kanae S, Oki T, et al. Global potential soil erosion with reference to land use and climate changes. Hydrological Processes, 2003, 17: 2913-2928.

［78］ Yang D W, Katsumi M. A continental scale hydrological model using distributed approach and its application to Asia. Hydrological Processes，2003，17：2855-2869.

[79] Zhang X. Comparison of Slope Estimates from low Resolution DEMs Scaling Issues and a Fractal Method for Their Solution. Earth Surface Process and Landforms，1999，24：763-769.

[80] 王光谦，刘家宏，李铁键．黄河数字流域模型．应用基础与工程科学学报，2005，13（1）：15-21.

[81] 王中根，郑红星，刘昌明，等．黄河典型流域分布式水文模型及其应用研究．中国科学E辑（技术科学），2004，34（增刊）：49-59.

[82] Van Deursen W P A. Geographical Information Systems and Dynamic Models：Development and application of a prototype spatial modelling language. Utrecht, the Netherlands：Utrecht University，1995.

[83] 陆兆熊，蔡强国．黄土高原地区土壤侵蚀及土地管理研究进展．水土保持学报，1992，6（4）：86-95.

[84] 朱显谟，张相麟，雷文进．泾河流域土壤侵蚀现象及其演变．土壤学报，1954，2（4）：209-222.

[85] 张科利，蔡永明，刘宝元，等．土壤可蚀性动态变化规律研究．地理学报，2001，56（6）：673-681.

[86] 卜兆宏，李全英．土壤可蚀性（K）值图编制方法的初步研究．农村生态环境，1995，11（1）：5-9.

[87] 蒋定生．黄土高原水土流失与治理模式．北京：中国水利水电出版社，1997.

[88] 雷俊山．基于 GIS 的区域土壤抗侵蚀性因子研究．杨凌：中国科学院水利部水土保持研究所，2004.

[89] 张爱国，张平仓，杨勤科．区域水土流失土壤因子研究．北京：地质出版社，2003.

[90] 江忠善，李秀英．黄土高原土壤流失预报方程中降雨侵蚀力和地形因子的研究．中国科学院西北水土保持研究所集刊，1988，7：40-45.

[91] 杨艳生．论土壤侵蚀区域性地形因子值的求取．水土保持报，1988，（2）：89-96.

[92] 刘新华，杨勤科，李锐．中国地形起伏度的提取及在水土流失定量评价中应用．水土保持通报，2001，21（1）：57-59.

[93] 赵牡丹．中国水土流失地形因子分析．杨凌：中国科学院水利部水土保持研究所，2007.

[94] Zhang X，Drake N，Wainwright J. Scaling land surface parameters for global-scale soil erosion estimation. Water Resources Research，2002，38（9）：1180-1189.

[95] Yang Q K，Van Niel T G，McVicar T R，et al. Developing a digital elevation model using ANUDEM for the Coarse Sandy Hilly Catchments of the Loess Plateau，China. 2005.

[96] 陈燕，齐清文，汤国安．黄土高原坡度转换图谱研究．干旱地区农业研究，2004，

22（3）：180-185.

[97] 于浩，杨勤科，张晓萍等，基于小波多尺度分析的 DEM 数据综合研究．测绘科学，2008，33（33）：93-95.

[98] 刘向东．森林植被垂直截留作用与水土保持．水土保持研究，1994，（3）：19-24.

[99] 周厚远．陕北黄龙山植被保持水土研究．水土保持通报，1981，1（2）：39-41.

[100] 吴孝钦，李勇．黄土高原植物根系提高土壤抗冲性能的研究Ⅱ：草本植物根系提高表层土壤抗冲刷力的试验分析．水土保持学报，1990，4（1）：11-16.

[101] 汪有科．森林植被保持水土保持功能评价．水土保持研究，1994，1（3）：24-30.

[102] 张光辉，梁一民．植被盖度对水土保持功效影响的研究综述．水土保持研究，1996，（2）：104-110.

[103] 杨勤科，罗万勤，马宏斌，等．区域水土流失植被因子的遥感提取．水土保持研究，2006，267-268，271.

[104] 韦红波．区域植被水土保持功能遥感评价研究．陕西杨凌：中国科学院水利部水土保持研究所，2001.

[105] 刘咏梅．基于高时间分辨率遥感数据的区域水土保持植被综合分类研究——以黄土高原为例．杨凌：中国科学院水利部水土保持研究所，2006.

[106] 中科院黄土高原科考队．黄土高原地区土地资源．北京：中国科学技术出版社，1991.

[107] 赵英时．遥感应用分析原理与方法．北京：科学出版社，2003.

[108] Myneni R B, Nemani R R, Running S W. Estimation of Global Leaf Area Index and Absorbed PAR Using Radiative Transfer Models. IEEE Transactions on Goescience and Remote Sensing, 1997, 35: 1380-1393.

[109] 庞国伟，杨勤科，张爱国，等．陕西省水蚀土壤因子指标插值方法比较研究，水土保持通报，2008，29（3）：176-182.

[110] 杨文志，邵明安．黄土高原土壤水分研究，北京：科学出版社，2000.

[111] Moore I D, Grayson R B, Ladson A R. Digital terrain modelling: a review of hydrological, geomorphological, and biological applications. Hydrological processes, 1991, 5 (1): 3-30.

[112] 杨勤科，Tim R M，李领涛，等．ANUDEM——专业化数字高程模型插值算法及其特点．干旱地区农业研究，2006，24（3）：36-41.

[113] 中华人民共和国国家标准（GB/T 21010-2017）．土地利用现状分类．2017-11-1.

[114] Aston A R. Rainfall interception by eight small trees. Journal of Hydrology, 1979, 42: 383-396.

[115] Hoyningen-Huene J von D. Interzeption des Niederschlags in landwirtschaftlichen Pflanzen-beständen. Arbeitsbericht Deutscher Verband für Wasserwirtschaft und Kulturbau, DVWK, Braunschweig, 1981.

[116] McVicar T R, Jupp D L B. A "calculate then interpolate" approach to monitoring regional moisture availability. In: McVicar T R, Li R, Walker J, et al (eds). Regional Water and Soil Assessment for Managing Sustainable Agriculture in China and Australia. ACIAR Monograph, 2002, 84: 258-276.

[117] 芮孝芳. 水文学原理. 北京: 中国水利水电出版社, 2004.

[118] Beven K J. Distributed Hydrological Modelin: Application of the TOPMODEL Concept. New York: John Wiley&Sons Ltd, 1997.

[119] Kostiakov A N. On the Dynamics of the Coefficient of Water-Percolation in Soils and on the Necessity of Studying It from a Dynamic Point of View for Purposes of Amelioration. Trans. 6th Comm. Int. Soc. Soil Sci. Russian, 1932.

[120] Kamphorst E, Jetten V G, Guerif J, et al. Predicting depressional storage from soil surface roughness. Soil Science Society of America Journal, 2000, 64: 1749-1758.

[121] De Roo A P J, Verzandvoort M A. Spatial and temporal variability of soil surface roughness and the application in hydrological and soil erosion modeling. Hydrological Processes, 1996, 10: 1035-1047.

[122] 张光辉, 刘国彬. 黄土丘陵小流域土壤表面特征变化规律研究. 地理科学, 2001, 21 (2): 118-122.

[123] USDA. Urban Hydrology for Small Watersheds (Technical Release 55). Washington: Natural Resources Conservation Service, 1986: 195-231.

[124] Smith R E, Goodrich D, Quinton J N. Dynamic distributed simulation of watershed erosion: the KINEROS2 and EUROSEM models. Journal of Soil and Water Conservation, 1995, 50: 517-520.

[125] Govers G. Empirical relationships on the transporting capacity of overland flow. International Association of Hydrological Sciences, Publication, 1990, 189: 45-63.

[126] Rose C W, Williams J R, Sander G C, et al. A mathematical model of soil erosion and deposition processes I, Theory for a plane element. Soil Science Society of America Journal, 1983, 47, 991-995.

[127] Stokes G G. On the effect of the internal friction of fluids on the motion of pendulums. Mathematical and Physical Papers, 1851, 3: 8-106.

[128] 穆兴民, 高鹏, 巴桑赤烈, 等. 应用流量历时曲线分析黄土高原水利水保措施对河川径流的影响. 地球科学进展, 2008, (4): 382-389.

[129] 朱恒峰, 赵文武, 康慕谊, 等. 延河流域土地利用格局时空变化与驱动因子分析, 干旱区资源与环境, 2008, 22 (8): 17-22.

[130] 张文帅, 王飞, 穆兴民, 等. 近25年延河流域土地利用/覆盖变化的时空特征. 水土

保持研究，2012，19（5）：148-152，157，291.

［131］冉圣宏，张凯，吕昌河. 延河流域土地利用/覆被变化模型的尺度转换方法. 地理科学进展，2010，29（11）：1414-1419.

［132］娄和震，杨胜天，周秋文，等. 延河流域2000-2010年土地利用/覆盖变化及驱动力分析. 干旱区资源与环境，2014，28（4）：15-21.

［133］中国农业百科全书土壤卷编委会. 土壤侵蚀与水土保持分支条目. 北京：农业出版社，1996.

［134］唐克丽. 中国水土保持. 北京：科学出版社，2004.

［135］Yang C T. Unit stream power and sediment transport. Journal of the Hydraulics Division，1972，98（10）：1805-1826.

［136］Yang C T. Incipient motion and sediment transport. Journal of the Hydraulics Division，1973，99（10）：1679-1704.

［137］Yang C T，Song C S. Theory of minimum rate of energy dissipation. Journal of the Hydraulics Division，1979，105（7）：769-784.

［138］Moore I D，Wilson J P. Length-slope factors for the Revised Universal Soil Loss Equation：Simplified method of estimation. Jounal of Soil & Water Conservation，1992，47（5）：423-428.